STUD BOOK FRANÇAIS

REGISTRE

DES

CHEVAUX DE DEMI-SANG

NÉS ET IMPORTÉS EN FRANCE

TOME II — 1891-1897

STUD BOOK FRANÇAIS

REGISTRE

DES

CHEVAUX DE DEMI-SANG

NÉS ET IMPORTÉS EN FRANCE

Publié par ordre de M. le Ministre de l'Agriculture

SECTION VENDÉENNE ET CHARENTAISE

TOME II — 1891-1897

Prix : 3 Francs

PARIS

EN VENTE CHEZ J. KUGELMANN

12, rue de la Grange-Batelière, 12

1898

———

Paris, le 30 avril 1887.

RAPPORT

A MONSIEUR LE MINISTRE DE L'AGRICULTURE

———

Monsieur le Ministre,

L'Administration des Haras a reconnu de tout temps la nécessité de tenir grand compte, dans les accouplements, de l'origine et de la généalogie des étalons et des juments livrés à la reproduction. Elle a toujours considéré que l'adoption de ce principe était la base la plus sûre pour poursuivre utilement l'amélioration des races chevalines.

Dès 1833, elle provoquait une ordonnance « portant établissement d'un registre matricule pour l'inscription des chevaux de race pure existant en France *(Stud Book français)* et institution d'une Commission spéciale pour la tenue de ce registre ».

Cette publication a été continuée, sans interruption, depuis cette époque, et la Commission instituée par l'ordonnance précitée fonctionne chaque année pour l'examen des titres produits à l'appui des demandes d'inscription. Aucune inscription n'est faite si elle n'a été proposée à M. le Ministre de l'Agriculture par cette Commission.

Parmi les dispositions arrêtées par le Ministre du Commerce (qui avait alors le service des Haras dans ses attributions), sur la proposition de la Commission du registre matricule, pour l'exécution de l'ordonnance du 3 mars 1833, figurait le paragraphe suivant : « Un registre matricule pourra être établi, à l'avenir, pour l'inscription des chevaux provenant du croisement des races pures avec d'autres races, lorsque ce croisement sera parvenu à un degré qui sera ultérieurement déterminé. »

En 1850, la Direction du service fut d'avis que le moment était venu de donner suite à cette disposition spéciale. Des instructions ministérielles en date du 15 juillet de la même année prescrivirent l'ouverture, au dépôt d'étalons de Tarbes, par les soins du personnel de cet établissement, d'un registre matricule pour l'inscription des poulinières d'élite du département des Hautes-Pyrénées et plus particulièrement encore celles de la plaine de Tarbes, siège de la race bigourdane améliorée.

Ce registre, destiné à constater l'importance de la nouvelle famille, devait en former les archives sommaires et authentiques, et offrir plus tard des matériaux pleins d'intérêt à l'histoire physiologique de la production du cheval dans cette partie de la France.

Les éleveurs, informés du désir qu'avait l'Administration de constater, dans un livre officiel, l'existence des juments de choix, reconnurent l'utilité de ce travail et fournirent, avec empressement, des renseignements pour l'inscription d'un grand nombre d'animaux.

Le travail, complètement terminé dans le courant de 1851, fut livré à l'impression par ordre du Ministre de l'Agriculture et du Commerce à la fin de la même année, sous le titre suivant : *État civil de la race bigourdane améliorée.*

Le 15 juillet 1850, le Directeur du haras du Pin recevait, comme son collègue du dépôt de Tarbes, des instructions ministérielles relativement à la rédaction d'un

Stud Book spécial de la race chevaline normande améliorée. En exécution de ces ordres, des recherches furent
faites sans interruption, à partir de cette époque, afin de
recueillir tous les documents nécessaires pour mener à
bonne fin cette délicate et très difficile mission.

Les renseignements fournis par les éleveurs de la circonscription ont été rapprochés des documents consignés
dans les archives du dépôt du Pin et contrôlés avec le plus
grand soin. Le travail préparatoire a été terminé le
22 mars 1853, et une décision ministérielle du 19 avril
suivant a approuvé les bases adoptées pour sa rédaction.

Le *Stud Book normand*, définitivement clos le 25 juin
1853, contenait 1,196 noms, savoir : 260 étalons, 411 poulinières et 525 produits de divers âges. Il fut adressé
à M. le Ministre de l'Agriculture et du Commerce, qui
voulut bien faire connaître sa satisfaction au sujet de ce
travail.

L'impression de ce document important était admise en
principe et annoncée aux éleveurs. Divers motifs en re-
tardèrent la publication, qui fut définitivement ajournée :
elle n'a pas été faite au grand regret des intéressés, qui
ont été unanimes à reconnaître que cette mesure était très
préjudiciable au progrès de l'amélioration de la race chevaline anglo-normande.

Une étude spéciale des origines de la famille chevaline
vendéenne a été faite en 1868 et 1869, avec l'autorisation
du Ministre, par l'inspecteur général qui était chargé à
cette époque de l'arrondissement de l'Ouest.

Ce travail devait se diviser en deux parties : la première
contenant le recueil généalogique des étalons employés à
la reproduction dans les départements de la Vendée et de
la Loire-Inférieure depuis 1839 ; la seconde était destinée
aux poulinières de la même région et à leurs produits. Il
était terminé en avril 1869 et soumis à l'Administration
supérieure, qui voulut bien l'approuver et en décider la
publication.

Le premier volume de l'ouvrage, qui reçut le titre de
« chevaux vendéens », a été imprimé dans le cours de

éette même année : il contenait l'origine de 369 étalons. Ce livre, tiré à plusieurs centaines d'exemplaires, a été distribué à tous les éleveurs de la région.

Les événements de 1870 ont arrêté la publication du recueil généalogique des poulinières, qui renfermait 257 juments et 158 produits.

L'essor de la production et de l'amélioration des diverses familles de demi-sang, amené par le fonctionnement de la loi organique de 1874 sur les Haras, rend nécessaire la reprise et la continuation de ces registres généalogiques.

Leur établissement a fait l'objet d'un vœu du Conseil supérieur des Haras ; les éleveurs attendent avec impatience cette nouvelle consécration de leurs efforts, et l'Administration des remontes militaires attache à cette œuvre la plus haute importance. Elle a la ferme conviction qu'elle y puisera des renseignements précieux, au point de vue de la production du cheval de guerre, sur les ressources hippiques des grands centres d'élevage de la France.

Les nations voisines se sont depuis longtemps préoccupées de cette question : c'est ainsi que la Prusse a établi un *Stud Book* très intéressant de la race Trakehnen ; que l'Autriche a fondé celui des chevaux de Lippiza ; qu'aux États-Unis la liste complète et spéciale des trotteurs joue un rôle des plus importants, et, enfin, qu'en Angleterre et en Belgique, on a jugé indispensable d'ouvrir des registres pour l'inscription des sujets de races de trait.

Pour maintenir la France à la hauteur de sa prospérité chevaline, j'ai l'honneur de vous prier de vouloir bien décider que les travaux antérieurs seront repris et arrêter que des *Stud Book* spéciaux pour les familles de demi-sang de races améliorées seront établis et continués par les soins de l'Administration des Haras, qui demeurera chargée de les publier, pour les diverses régions, dans des conditions analogues au *Stud Book* des races pures.

Afin d'étudier les meilleures mesures à prendre pour la rédaction de ce travail et dans le but de lui donner une base régulière et uniforme, j'ai l'honneur de vous proposer de former une Commission composée de membres dont les connaissances spéciales permettraient de fixer les diverses conditions à adopter comme point de départ.

Si vous voulez bien approuver le présent rapport, je vous serai obligé de le revêtir de votre signature, ainsi que l'arrêté ci-joint portant formation de la Commission.

Veuillez agréer, Monsieur le Ministre, l'hommage de mon respectueux dévouement.

Le Directeur des Haras,

H. DE CORMETTE.

Approuvé :

Le Ministre,

J. DEVELLE.

ARRÊTÉ

LE MINISTRE DE L'AGRICULTURE,

Vu l'ordonnance du 3 mars 1833, portant établissement d'un registre matricule pour l'inscription des chevaux de race pure ;

Vu le dernier paragraphe de l'arrêté pris par le Ministre du Commerce, en exécution de ladite ordonnance ;

Considérant qu'il y a lieu, par suite, d'ouvrir, pour la conservation des races améliorées de demi-sang dans les centres les plus importants d'élevage, un registre généalogique qui établisse leur confirmation,

ARRÊTE :

ARTICLE PREMIER.

L'Administration des Haras est chargée d'établir, de continuer et de publier des *Stud Book* spéciaux pour les familles de demi-sang.

ART. 2.

(Suit la désignation des membres composant la Commission.)

Paris, le 30 avril 1887.

J. DEVELLE.

DÉCISIONS DE LA COMMISSION

—

La Commission du *Stud Book* de demi-sang s'est réunie les 27 mai 1887, 13 juin 1890 et 21 avril 1891. Elle a émis les vœux suivants qui ont été adoptés par M. le Ministre, et à la suite desquels des instructions ont été données à MM. les Directeurs des dépôts d'étalons pour l'établissement des inscriptions :

« Il ne sera ouvert qu'un seul *Stud Book* des chevaux de demi-sang. »

« Le *Stud Book* sera divisé en six sections, savoir :
« Section normande.
« Section bretonne.
« Section vendéenne et charentaise.
« Section du Midi.
« Section du Centre.
« Section du Nord et de l'Est. »

« Seront inscrits aux diverses sections du *Stud Book* des chevaux de demi-sang :
« 1º Les animaux qui, nés avant 1882, auront du côté paternel et du côté maternel un ascendant de pur sang ou de demi-sang ;
« 2º Les animaux qui, nés depuis 1882, auront du côté paternel et du côté maternel deux ascendants de pur sang ou de demi-sang. »

« Seront inscrits d'office tous les étalons de demi-sang qui appartiennent ou qui ont appartenu à l'Etat et les étalons approuvés de même catégorie, lors même qu'ils ne rempliraient pas les conditions ci-dessus. »

. . . .

« Les étalons et les juments seront inscrits dans la section du pays où ils produisent.

« Les produits seront inscrits dans la section du pays où ils sont nés. »

. . . .

« Aucun animal ne pourra être inscrit s'il ne porte un nom. »

. . . .

« Les étalons de pur sang qui ont concouru à la formation de la famille seront rappelés dans un appendice placé à la fin du volume.

« Seront également inscrits dans un appendice spécial, les étalons de demi-sang qui ont marqué, avant 1840, dans les fastes de la production chevaline. »

COMMISSION

DU

STUD BOOK DES CHEVAUX DE DEMI-SANG

———

Président :

M. LE MINISTRE DE L'AGRICULTURE OU LE DIRECTEUR DES HARAS.

Membres :

MM. AUGÈRE, ancien Député ;

BASLY (de), Propriétaire-Eleveur à Saint-Contest (Calvados);

BASTID, Député du Cantal ;

CUGNAC (de), Directeur de l'École de dressage de Rochefort;

GANAY (de), Inspecteur général honoraire des Haras ;

GÉVELOT, Député de l'Orne ;

HENRY, ancien Député, Membre du Conseil supérieur des Haras ;

L'INSPECTEUR GÉNÉRAL PERMANENT DES REMONTES MILI-TAIRES (Général Faverot de Kerbreck) ;

LA FARGUE-TAUZIA (de), Inspecteur général des Haras ;

LANNEY (de), Inspecteur général des Haras ;

LINDET, Propriétaire-Eleveur à Saint-Léger-sur-Sarthe (Orne) ;

MARCHEGAY, Député de la Vendée ;

MM. Morel, Sénateur de la Manche ;

Portalès, Inspecteur général des Haras ;

Rozier (du) (Philippe), Propriétaire-Eleveur au Château du Petit Jars (Orne) ;

Sempé, Propriétaire-Eleveur, à Tarbes, Membre du Conseil supérieur des Haras ;

Simonnin, Inspecteur général, hors cadres, chargé du 2e Bureau de la Direction des Haras.

Secrétaire :

M. Macarez, Sous-Chef du 2e Bureau de la Direction des Haras.

Secrétaires adjoints :

MM. Guillemot, Surveillant des Haras ;

Leloup, Rédacteur à la Direction des Haras.

ABRÉVIATIONS

H. N.	Haras nationaux.
Al.	Alezan.
Aub.	Aubère.
B.	Bai.
Bb.	Bai brun.
Bl.	Blanc.
C. L.	Café au lait.
F. P.	Fleur de pêcher.
Gr.	Gris.
Is.	Isabelle.
N.	Noir.
P.	Pie.
Ro.	Rouan.
P. S. A.	Pur-sang anglais.
P. S. Ar.	— arabe.
P. S. A.-A.	— anglo-arabe.
1/2 s.	Demi-sang.
1/2 s. A.	— anglais.
1/2 s. Al.	— allemand.
1/2 s. Am.	— américain.
1/2 s. Ar.	— arabe.
1/2 s. A.-A.	— anglo-arabe.
1/2 s. A.-N.	— anglo-normand.
1/2 s. N.	— normand.
1/2 s. B.	— breton.
1/2 s. Big.	— bigourdan.
1/2 s. Char.	— charentais.
1/2 s. V.	— vendéen.
1/2 s. L.	— limousin.
1/2 s. Norf.	— norfolk.
1/2 s. Norf.-B.	— norfolk-breton.
1/2 s. R.	— russe.
1/2 s. Orl.	— orloff.
1/2 s. Meck.	— mecklembourgeois.
1/2 s. Carr.	— carrossier.
S. B. F., t. , p.	Stud-Book français, tome , page
S. B. A., t. , p.	Stud-Book anglais, tome , page
S. R.	Sans renseignements.

NOTA. — *Le nom qui est inscrit après la date de naissance indique le pays, la région ou le département où est né l'étalon.*

Les dates qui suivent le nom de la circonscription rappellent le temps pendant lequel l'étalon y a fait la monte.

SECTION VENDÉENNE ET CHARENTAISE

Circonscriptions des Dépôts d'Étalons de la Roche-sur-Yon et de Saintes.

DÉPARTEMENTS :

VENDÉE, LOIRE-INFÉRIEURE, DEUX-SÈVRES, CHARENTE,
CHARENTE-INFÉRIEURE ET VIENNE.

ÉTALONS

NÉS DANS LES CIRCONSCRIPTIONS DE LA ROCHE-SUR-YON
ET DE SAINTES

ETALONS

Nés dans les Circonscriptions de la Roche-sur-Yon et de Saintes

———

ALFORT, ex-**AVENIR**. — H. N.
Al. 1878. — Vendée.
Par *Pactole*, 1/2 s. N., et une 1/2 s. V., par Kapirat II, 1/2 s. N.
Sa grand'mère : 1/2 s. V., par Acacia, 1/2 s. N.
La Roche-sur-Yon : 1882. — Castré en 1895.

ARIUS, ex-**AMIRAL**. — H. N.
Ro. 1878. — Vendée.
Par *Romuald* 1/2 s. V., et une fille de Chantonnay, 1/2 s. V.
La Roche-sur-Yon : 1882. — Abattu le 18 août 1893.

AUDITEUR. — H. N.
B. 1878. — Vendée.
Par *Julien*, 1/2 s. N., et une 1/2 s. V., par Froshdorff, P. S. A.
Saintes : depuis 1882.

BACCARAT. — H. N.
B. 1879. — Charente-Inférieure.
Par *Lazzarone*, P. S. A.-A., et une 1/2 s. Char.,
par Gallipolis, 1/2 s. N.
Saintes : 1883. — Castré le 4 août 1896.

BANQUIER. — H. N.
B. 1879. — Vendée.
Par *Pactole*, 1/2 s. N., et une 1/2 s. V., par Jambes-d'Argent,
1/2 s. N.
Saintes : depuis 1883.

BARSAC, ex-**BRACONNIER**. — H. N.
B. 1879. — Vendée.
Par *Kapirat II*, 1/2 s. N., et 1/2 V., par Karibon, 1/2 s. N.
Saintes : depuis 1883.

BATAVE, ex-**BUCÉPHALE**. — H. N.
B. 1879. — Vendée.
Par *Supérieur*, 1/2 s. N., et une 1/2 s. V., par Oscar, 1/2 s. N.
Sa grand'mère : par Henri IV, 1/2 s. N.
La Roche-sur-Yon : 1883. — Abattu le 14 août 1892.

BOHÉMIEN. — H. N.
B. 1879. — Charente-Inférieure.
Par *Rapin*, 1/2 s. N., et une 1/2 s. Char., par Kalbrenner, 1/2 s. N.
Saintes : 1883. — Castré le 17 août 1894.

BRIGADIER. — H. N.
B. 1879. — Vendée.
Par *Kapirat II*, 1/2 s. N., et une 1/2 s. V., par Glaneur, P. S. A.
La Roche-sur-Yon : 1883. — Castré le 16 août 1897.

CAÏN, ex-**CÉSAR**. — H. N.
Bb. 1880. — Vendée.
Par *Terme*, 1/2 s. N., et une 1/2 s. V., par *Klauck*, 1/2 s. N.
Sa grand'mère : par Douglas, 1/2 s. V.
La Roche-sur-Yon : 1884. — Castré le 11 septembre 1893.

CALLISTHÈNE, ex-**CICÉRON**. — H. N.
B. 1880. — Vendée.
Par *Novus*, 1/2 s. N., et une 1/2 s. V., par Liban, 1/2 s. N.
Sa grand'mère : par Henri IV, 1/2 s. N.
La Roche-sur-Yon : depuis 1884.

CAMISARD, ex-**CORSAIRE**. — H. N.
Al. 1880. — Vendée.
Par *Kapirat II*, 1/2 s. N., et 1/2 s. V., par Nectar, 1/2 s. N.
Sa grand'mère : fille d'Isocrate, 1/2 s. N.
Saintes : 1884. — Castré le 26 août 1895.

CÉSAR. — H. N.
Al. 1880. — Charente-Inférieure.
Par *Serpolet-Rouan*, 1/2 s. N., et *Mignonne*, par Liberator,
1/2 s. A.
Saintes : depuis 1880.

CYRUS III (approuvé jusqu'en 1892; autorisé depuis cette époque). — M. Martin.
B. 1880. — Charente-Inférieure,
Par *Jouteur*, 1/2 s. N., et une 1/2 s. Char.
Saintes: depuis 1884.

DANAÜS. — H. N.
Al. 1881. — Vendée.
Par *Kapirat II*, 1/2 s. N., et une 1/2 s. V., par Black-Eyes,
P. S. A.
La Roche-sur-Yon : depuis 1885.

DANTE. — H. N.
B. 1881. — Loire-Inférieure.
Par *Usurpateur*, 1/2 s. V., et *Pâquerette*, 1/2 s. V., par Malthus,
1/2 s. N.
Sa grand'mère : par Necker, 1/2 s. N.
La Roche-sur-Yon : 1885. — Castré le 24 août 1896.

DANTON, ex-**DANDY**. — H. N.
Al. 1881. — Vendée.
Par *Rovigo*, 1/2 s. V., et une 1/2 s. V., par Black-Eyes, P. S. A.
Sa grand'mère : par Jambes-d'Argent, 1/2 s. N.
La Roche-sur-Yon : 1885. — Castré le 12 septembre 1892

DECRESCENDO. — H. N.
Bb. 1881. — Vendée.
Par *Romuald*, 1/2 s. V., et *Conquérante*, par Houdon, 1/2 s. N.
Saintes : depuis 1885.

DÉFENSEUR. — H. N.
B. 1881. — Charente-Inférieure.
Par *Python*, 1/2 s. N., et une 1/2 s. N., par Avant-Garde, P. S. A.-A.
Saintes : 1885. — Castré le 5 septembre 1893.

DELAVIGNE, ex-**DAVIS**. — H. N.
B. 1881. — Vendée.
Par *Rovigo*, 1/2 s. V., et une 1/2 s. V., par Hargneux, 1/2 s. N.
Sa grand'mère : par Cornichon II, 1/2 s. V.
La Roche-sur-Yon : 1885. — Castré le 13 août 1894.

DÉPART. — H. N.
Bb. 1881. — Charente-Inférieure.
Par *Pâris*, 1/2 s. N., et une 1/2 s. Char., par Lucifer, 1/2 s. N.
Saintes : depuis 1885.

DESGENETTES, ex-**DIABLE-A-QUATRE**. — H. N.
Ro. 1881. — Vendée.
Par *Pactole*, 1/2 s. N., et une 1/2 s. V.,
par Jambes-d'Argent, 1/2 s. N.
Sa grand'mère : par Sir-Benjamin, P. S. A.
La Roche-sur-Yon : 1885. — Mort le 6 juillet 1895.

DIAMANTIN. — H. N.
B. 1881. — Charente-Inférieure.
Par *Lazzarone*, P. S. A.-A., et une 1/2 s. Char.,
par Impérator, 1/2 s. V.
Saintes : 1885. — Castré le 17 août 1894.

DIAPASON, ex-**DÉCIDÉ**. — H. N.
Ro. 1881. — Vendée.
Par *Romuald*, 1/2 s. V., et *Coquette*, 1/2 s. V.
La Roche-sur-Yon : depuis 1885. — Castré le 16 août 1897.

ECLAIREUR. — H. N.
Al. 1882. — Vendée.
Par *Terme*, 1/2 s. N., et une 1/2 s. V., par *Jacquard*, 1/2. s. N.
Sa grand'mère : par Black-Eyes, P. S. A.
La Roche-sur-Yon : depuis 1886.

ELAYS, ex-**EYLAU**, — H. N.
Al. 1882. — Loire-Inférieure.
Par *Kapirat II*, 1/2 s. N., et une fille d'Eros, 1/2 s. V.
La Roche-sur-Yon : 1886. — Castré le 16 août 1897.

ÉLECTRICIEN, ex-**ELECTRIC**. — H. N.
Al. 1882. — Vendée.
Par *Terme*, 1/2 s. N., et une 1/2 s. V., par *Black-Eyes*, P. S. A.
Sa grand'mère : une 1/2 s. V., par Jambes-d'Argent, 1/2 s. N.
La Roche-sur-Yon : depuis 1886.

ENRAGÉ (approuvé), 1896. — Accepté, 1897.
M. Guillaud.
B. 1882. — Charente-Inférieure.
Par *Queymadéro*, 1/2 s. N., et 1/2 s. Char., par *Karibon*, 1/2 s. N.
Saintes : depuis 1886.

— 25 —

EPILOGUE. — H. N.
Al. 1882. — Vendée.
Par *Rovigo*, 1/2 s. V., et une 1/2 s. V., par Liban, 1/2 s. N.
Sa grand'mère : par Julien, 1/2 s. N.
La Roche sur-You : 1886. — Castré le 13 août 1894.

ESAÜ (approuvé). — M. Séguinot.
Al. 1882. — Vendée.
Par *Myosotis*, 1/2 s. N., et une jument de 1/2 s.
La Roche-sur-Yon : 1886-1893.

ESOPE. — H. N.
Al. 1882. — Charente-Inférieure.
Par *Quibbler*, 1/2 s. N., et une 1/2 s. Char., par Montbars, P. S. A.
Saintes : 1886. — Castré le 5 septembre 1893.

FAJARDO, ex-**FANFARON**. — H. N.
Al. 1883. — Charente-Inférieure.
Par *Quibbler*, 1/2 s. N., et une 1/2 s. Char., par Bissextil, P. S. A.
Saintes : depuis 1887.

FALGOUX, ex-**FRINGANT**. — H. N.
B. 1883. — Vendée.
Par *Quinconce*, 1/2 s. V., et une 1/2 s. V., par Printemps, P. S. A.
Saintes : 1887. — Castré le 17 août 1897.

FALKIRK, ex-**FINANCIER**. — H. N.
B. 1883. — Loire-Inférieure.
Par *Lahire*, 1/2 s. N., et une fille de Nique, 1/2 s. N.
Saintes : 1887. — Castré le 20 août 1896.

FALVY, ex-**FARFADET**. — H. N.
B. 1883. — Charente-Inférieure.
Par *Quibbler*, 1/2 s. N., et une 1/2 s. Char., par Obéron, 1/2 s. N.
La Roche-sur-Yon : depuis 1887.

FATAL (approuvé). — M. Goumard.
Bb. 1883. — Charente-Inférieure.
Par *Lazzarone*, P. S. A.-A., et une 1/2 s. Char.

FAVEROLLES, ex-**FLORÉAL**. — H. N
Al. 1883. — Charente-Inférieure.
Par *Lazzarone*, P. S. A.-A., et une 1/2 s. Char.,
par Python, 1/2 s. N.
Saintes : depuis 1887.

FAVIÈRES, ex-FANTASSIN. — H. N.
B. 1883. — Charente-Inférieure.
Par *Lazzarone*, P. S. A.-A., et *Julie*, 1/2 s. Char.,
par Obéron, 1/2 s. N.
Saintes : 1887. — Castré le 20 août 1896.

FELZINS, ex-FORTUNÉ. — H. N.
Al. 1883. — Vendée.
Par *Kapirat II*, 1/2 s. N., et une 1/2 s. V., par Royal-Quand-Même,
P. S. A.
Sa grand'mère : fille de John-Bull, 1/2 s. N.
La Roche-sur-Yon : depuis 1887.

FENAY, ex-FRONTIN. — H. N.
Al. 1883. — Vendée.
Par *Passe-Père*, P. S. A., et une 1/2 s. V., par Hargneux, 1/2 s. N.
Sa grand'mère : par Cornichon II, 1/2 s. V.
La Roche-sur-Yon : 1887. — Castré le 13 mars 1897.

FENIOUX, ex-FROUFROU. — H. N.
B. 1883. — Charente-Inférieure.
Par *Angles*, 1/2 s. V., et une 1/2 s. Char., par Obéron, 1/2 s. N.
Saintes : 1887. — Castré le 17 août 1897.

FÉVRIER, ex-FIGARO. — H. N.
Al. 1883. — Vendée.
Par *Queymadéro*, 1/2 s. N., et *Rosette*, 1/2 s. V.
La Roche-sur-Yon : 1887. — Castré le 26 août 1895.

FLORENTIN (approuvé). — M. Bonarme, 1891. — M. Pacaud.
Al. 1883. — Vendée.
Par *Amical*, 1/2 s. V., et une 1/2 s. V., par John-Bull, 1/2 s. N.
Saintes : 1888. — Mort en cours de monte en 1897.

FRELUQUET. — H. N.
B. 1883. — Loire-Inférieure.
Par *Arcole*, 1/2 s. N., et une fille de Kapirat II, 1/2 s. N.
Saintes : depuis 1887.

GAGNE-PETIT. — H. N.
Al. 1884. — Vendée.
Par *Brigadier*, 1/2 s. V., et une 1/2 s. V., par Marignan, 1/2 s. N.
Saintes : depuis 1888.

GAMBETTI. — H. N.

B. 1884. — Vendée.

Par *Pactole*, 1/2 s. N., et *Cendrillon*, 1/2 s. V., par Nique,
1/2 s. N.
Sa grand'mère : par Jambes-d'Argent, 1/2 s. N.
La Roche-sur-Yon : 1886. — Castré le 11 septembre 1893.

GASCON. — H. N

Al. 1884. — Vendée.

Par *Kopirat II*, 1/2 s. N., et une 1/2 s. V., par Jambes-d'Argent
ou Karibon, 1/2 s. N.
Sa grand'mère : par John-Bull, 1/2 s. N.
La Roche-sur-Yon : depuis 1888.

GÉRANIUM. — H. N.

Al. 1884. — Vendée.

Par *Passe-Père*, P. S. A., et une 1/2 s. V., par Terme, 1/2 s. N.
Sa grand'mère : fille de Permutant, 1/2 s. N.
La Roche-sur-Yon : 1888. — Castré le 2 novembre 1896.

GERMINAL. — H. N.

B. 1884. — Charente-Inférieure.

Par *Lazzarone*, P. S. A.-A., et *Rosalie*, 1/2 s. Char.,
par Nacqueville, 1/2 s. N.
La Roche-sur-Yon : 1888. — Abattu le 24 août 1892.

GIGÈS. — H. N.

Al. 1884. — Vendée.

Par *Vanité*, 1/2 s. V., et une 1/2 s. V., par Black-Eyes, P. S. A.
Saintes : depuis 1888.

GIVRAND, ex-GASTRONOME. — H. N.

Al. 1884. — Vendée.

Par *Terme*, 1/2 s. N., et une 1/2 s. V., par Julien, 1/2 s. N.
Sa grand'mère : par Necker, 1/2 s. N.
La Roche-sur-Yon : depuis 1888.

GOLIATH. — H. N.

N. 1884. — Charente-Inférieure.

Par *Lazzarone*, P. S. A.-A., et une 1/2 s. Char., par Ordinal,
1/2 s. N.
Sa grand'mère : par Misanthrope, 1/2 s. N.
La Roche-sur-Yon : 1888. — Castré le 26 août 1895.

GOUVERNEUR. — H. N.
Al. 1884. — Vendée.
Par *Terme*, 1/2 s. N., et une 1/2 s. N., par Kapirat II, 1/2 s. N.
Sa grand'mère : fille de Julien, 1/2 s. N.
La Roche-sur-Yon : depuis 1888.

HERCULE. — H. N.
Al. 1885. — Vendée
Par *Quibbler*, 1/2 s. N., et *Fanny*, 1/2 s. N., par Egée, 1/2 s. N.
Saintes : depuis 1889.

HÉROS. — H. N.
Ro. 1885. — Vendée.
Par *Romuald*, 1/2 s. V., et *Comète*, 1/2 s. V., par Kapirat II.
1/2 s. N.
Sa grand'mère : par Auriol, P. S. A.
La Roche-sur-Yon : depuis 1889.

HUBERT, ex-**SAINT-HUBERT**. — H. N.
B. 1885. — Charente-Inférieure.
Par *Banquier*, 1/2 s. V., et *Eugénie*, 1/2 s. Char., par Misanthrope,
1/2 s. N.
Saintes : depuis 1889.

HUGUENOT. — H. N.
B. 1885. — Vendée
Par *Terme*, 1/2 s. N., et une 1/2 s. V., par Julien, 1/2 s. N.
Sa grand'mère : par Cornichon II, 1/2 s. V.
La Roche-sur-Yon : depuis 1889.

IAMA, ex-**INTERNATIONAL**. — H. N.
Bb. 1886. — Charente-Inférieure.
Par *Violon*, 1/2 s. Char., et une 1/2 s. Char., par Puiset, 1/2 s. N.
Sa grand'mère : par Kalbrenner, 1/2 s. N.
La Roche-sur-Yon : depuis 1890.

IAR, ex-**INTRIGANT**. — H. N.
Al. 1886. — Vendée.
Par *Terme*, 1/2 s. N., et *Bergère*, 1/2 s. V., par Necker, 1/2 s. N.
Sa grand'mère : par Y. Gambetti, 1/2 s. V.
La Roche-sur-Yon : 1890. — Castré le 16 août 1897.

IBICUS, ex-INTERPRÈTE. — H. N.
Al. 1886. — Vendée.
Par *Amical*, 1/2 s. V., et une 1/2 s. V., par Black-Eyes, P. S. A.
Sa grand'mère : fille de Permutant, 1/2 s. N.
La Roche-sur-Yon : depuis 1890.

IBIQUE, ex-IMPÉTUEUX. — H. N.
Al. 1886. — Loire-Inférieure.
Par *Arcole*, 1/2 s. N., et une 1/2 s. V.
La Roche-sur-Yon : depuis 1890.

IÉDO, ex-IRLANDAIS. — H. N.
Al. 1886. — Vendée.
Par *Terme*, 1/2 s. N., et une 1/2 s. V., par Liban, 1/2 s. N.
Sa grand'mère : fille de Molière, 1/2 s. N.
La Roche-sur-Yon : depuis 1890.

IMPRÉVU. — H. N.
B. 1886. — Loire-Inférieure.
Par *Albrant*, 1/2 s. N., et *Délaissée*, 1/2 s. V., par Urville,
1/2 s. N.
Sa grand'mère : par Kapirat II, 1/2 s. N.
Saintes : depuis 1891.

INDIEN (approuvé). — M. A. Bouillé.
B. 1886. — Vendée.
Par *Terme*, 1/2 s. N., et une 1/2 s. V., par Julien, 1/2 s. N.
Sa grand'mère : par Jambes-d'Argent, 1/2 s. N.
La Roche-sur-Yon : 1890. — Castré en 1891.

IOLAS, ex-INCOMPARABLE. — H. N.
B. 1886. — Vendée.
Par *Amical*, 1/2 s. V., et une 1/2 s. V., par Terme, 1/2 s. N.
Sa grand'mère : par Julien, 1/2 s. N.
La Roche-sur-Yon : 1890. — Castré le 11 septembre 1893.

IPHITUS, ex-IMPÉTUEUX. — H. N.
Al. 1886. — Vendée.
Par *Beauvoir*, 1/2 s. V., et une 1/2 s. V., par Kapirat II, 1/2 s. N.
Sa grand'mère : par Julien, 1/2 s. N.
La Roche-sur-Yon : depuis 1890.

JACKSON. — H. N.
Al. 1887. — Vendée.
Par *Beauvoir*, 1/2 s. V., et *Belle-de-Jour*, 1/2 s. V.,
par Kapirat II, 1/2 s. N.
Sa grand'mère : par Barbe-Bleue, 1/2 s. N.
La Roche-sur-Yon : depuis 1891.

JACOB. — H. N.
Al. 1887. — Vendée.
Par *Beauvoir*, 1/2 s. V., et *Sidonie*, 1/2 s. V., par Kapirat II,
1/2 s. N.
Saintes : 1891. — Castré le 7 décembre 1895.

JACOS. — H. N.
Al. 1887. — Vendée.
Par *Vanité*, 1/2 s. V., et *Valentine*, 1/2 s. V., par Epicure,
1/2 s. V.
Saintes : 1891. — Castré le 20 août 1896.

JADIS. — H. N.
N. 1887. — Loire-Inférieure.
Par *Arcole*, 1/2 s. N., et *Messagère*, 1/2 s. V., par Messager,
1/2 s. N.
Saintes : depuis 1891.

JALON, ex-**JONGLEUR**. — H. N.
Al. 1887. — Charente-Inférieure.
Par *Suleyman*, 1/2 s. N., et *Thérésia*, 1/2 s. Char.,
par Lazzarone, P. S. A.-A.
Saintes : depuis 1891.

JOHNSON (approuvé).
MM. L. Blay, 1891 ; Aillery, 1892.
Al. 1887. — Vendée.
Par *Queymadéro*, 1/2 s. N., et une 1/2 s. V., par Uranium, 1/2 s. N.
Sa grand'mère : par Horritz, 1/2 s. N.
La Roche-sur-Yon : depuis 1891.

JOINVILLE. — H. N.
Al. 1887. — Vendée.
Par *Rovigo*, 1/2 s. V., et une 1/2 s. V., par Liban, 1/2 s. N.
Sa grand'mère : par Henri IV, 1/2 s. N.
La Roche-sur-Yon : 1891. — Castré le 22 juin 1894.

JONGLEUR XII. — H. N.
B. 1887. — Loire-Inférieure.
Par *Bégonia*, 1/2 s. N., et *Lingère*, 1/2 s. V.,
par Qu'en-dira-t-on, 1/2 s. N.
Sa grand'mère : par Hargneux, 1/2 s. N.
La Roche-sur-Yon : depuis 1893.

JUVÉNIL. — H. N.
Al. 1887.
Par *Electricien*, 1/2 s. V., et *Folie*, 1/2 s. Char.,
par Beauvais, 1/2 s. V.
Sa grand'mère : fille de Malthus, 1/2 s. N.
Saintes : depuis 1891.

KALEM. — H. N.
Al. 1888. — Charente-Inférieure.
Par *Python*, 1/2 s. N., et *Douzette*, 1/2 s. V.,
par Avant-Garde, P. S. A.
Sa grand'mère : par Egée, 1/2 s. N.
Saintes : depuis 1892.

KANGOUROO. — H.
B. 1888. — Charente-Inférieure.
Par *Tant-Mieux*, P. S. A., et *Gamine*, 1/2 s. Char.,
par Quibbler, 1/2 s. N.
Sa grand'mère : par Julien, 1/2 s. N.
Saintes : depuis 1892.

KARMIGNAC. — H. N.
Al. 1888. — Vendée.
Par *Jaguar*, P. S. A.-A., et *Mignonne*, 1/2 s. V., par Julien, 1/2 s. N.
Sa grand'mère : par Douglas, 1/2 s. V.
La Roche-sur-Yon : 1892. — Castré le 22 juin 1894.

KARRAL. — H. N.
Al. 1888. — Vendée.
Par *Calvin*, 1/2 s. N., et *Eugénie*, 1/2 s. V., par Queymadéro,
1/2 s. N.
Sa grand'mère : par Acacia, 1/2 s. N.
La Roche-sur-Yon : 1892. — Castré le 16 août 1897.

KASIMIR. — H. N.
N. 1888. — Loire-Inférieure.
Par *Arcole*, 1/2 s. N., et *Césarine*, 1/2 s. V., par Nectar, 1/2 s. N.
Sa grand'mère : par Gil-Blas, 1/2 s. N.
Saintes : depuis 1892.

KELLERMANN. — H. N.
B. 1888. — Charente-Inférieure.
Par *Quibbler*, 1/2 s. N., et *Voltige*, 1/2 s. Char., par Issy, 1/2 s.
Sa grand'mère : par Orphéon, 1/2 s. N.
Saintes : depuis 1892.

KIOSQUE II. — H. N.
B. 1888. — Charente-Inférieure.
Par *Croissant*, P. S. A.-A., et *La Douce*, 1/2 s. Char.,
par Quibbler, 1/2 s. N.
Sa grand'mère : par Obéron, 1/2 s. N.
Saintes : depuis 1892.

LANCELOT. — H. N.
B. 1889. — Vendée.
Par *Albrant*, 1/2 s. N., et *Hélène*, 1/2 s. V., par Rovigo, 1/2 s. N.
Sa grand'mère : par Kapirat II, 1/2 s. N.
La Roche-sur-Yon : depuis 1893.

LAPIN. — H. N.
N. 1889. — Vendée.
Par *César*, 1/2 s. Char., et *Charlotte*, 1/2 s. V., par Lapin, 1/2 s. R.
Sa grand'mère : par Black-Eyes, P. S. A.
La Roche-sur-Yon : depuis 1894.

LATUDE. — H. N.
Bb. 1889. — Charente-Inférieure.
Par *Decrescendo*, 1/2 s. V., et *Livia*, 1/2 s. Char.,
par Ordinal, 1/2 s. N.
Sa grand'mère : par Bissextil, P. S. A.
Saintes : depuis 1893.

LECERF, ex-**LE LION**. — H. N.
Bb. 1889. — Charente-Inférieure.
Par *Garbon*, 1/2 s. N., et *Fleurette*, 1/2 s. V., par Nivôse,
1/2 s. N
Sa grand'mère : par Saint-Cloud, P. S. A.
La Roche-sur-Yon : depuis 1893.

LÉOTARD, ex-**GAGNE-PETIT**. — H. N.
B. 1889. — Charente-Inférieure.
Par *Marengo*, 1/2 s. N., et *Coquette*, 1/2 s. Char., par Kabbrenner,
1/2 s. N.
Sa grand'mère : par Nacqueville, 1/2 s. N.
Saintes : depuis 1893.

LEXIQUE, ex-**ZÉPHYR**. — H. N.
Al. 1889. — Vendée.
Par *Givraud*, 1/2 s. V., et *Vénus*, 1/2 s. V., par Hargneux,
1/2 s. N.
La Roche-sur-Yon : 1893. — Castré le 13 août 1894.

LÉZARD. — H. N.
Al. 1889. — Vendée.
Par *Bégonia*, 1/2 s. N , et *Destinée*, 1/2 s. V., par Thuriféraire,
1/2 s. N.
Saintes : depuis 1893.

LIARD, ex-**KABYLE**. — H. N.
B. 1889. — Charente-Inférieure.
Par *Orphéon*, 1/2 s. N., et *Espérance*, 1/2 s. Char., par Carmin,
1/2 s. N.
Sa grand'mère : par Vitumnus, 1/2 s. N.
Saintes : depuis 1893.

LIPHAR, ex-**ANDROCLÈS**. — H. N.
B. 1889. — Charente-Inférieure.
Par *Rébus*, 1/2 s. N., et *Lisa*, 1/2 s. Char., par Curtius, 1/2 s. V.
Sa grand'mère : par Vitumnus, 1/2 s. N.
Saintes : depuis 1893.

LIRON. — H. N.
B. 1889. — Vendée.
Par *Albrant*, 1/2 s. N., et *Mignonne*, 1/2 s. V., par Julien, 1/2 s. N.
Sa grand'mère : par Douglas, 1/2 s.
La Roche-sur-Yon : depuis 1893.

LIS. — H. N.
B. 1889. — Charente-Inférieure.
Par *Tant-Mieux*, P. S. A., et *Fanny*, 1/2 s. Saint., par Magyar,
1/2 s. N.
La Roche-sur-Yon : 1893. — Castré le 16 août 1897.

LONVAL, ex-**KÉPI**. — H. N.
Al. 1889. — Charente-Inférieure.
Par *César*, 1/2 s. Char., et *Magda*, 1/2 s. N., par Trouville,
1/2 s. N.
La Roche-sur-Yon : depuis 1893.

LORD-**CHESTERFIELD**. — H. N.
B. 1889. — Vendée.
Par *Queymadéro*, 1/2 s. N., et *Atala*, 1/2 s. V., par Liban,
1/2 s. N.
Sa grand'mère : par Julien, 1/2 s. N.
Saintes : 1893. — Castré le 26 août 1895.

LUNDI. — H. N.
B. 1889. — Vendée.
Par *Queymadéro*, 1/2 s. N., et *Etonnante*, 1/2 s. V.,
par Fontainebleau, P. S. A.
Sa grand'mère : par Acacia, 1/2 s. N.
La Roche-sur-Yon : 1883. — Castré le 24 août 1896.

MAGENTA. — H. N.
B. 1890. — Vendée.
Par *Helvétius*, 1/2 s. N., et *N.*, 1/2 s. V., par Terme, 1/2 s. N.
Sa grand'mère : par Rongo, 1/2 s. V.
La Roche-sur-Yon : depuis 1894.

MAGNAC, ex-**MAGENTA**. — H. N.
B. 1890. — Charente-Inférieure.
Par *Quibbler*, 1/2 s. N., et *Gloriole*, 1/2 s. Char.,
par Lazzarone, P. S. A.-A.
Saintes : depuis 1894.

MAIL-COACH. — H. N.
Ro. 1890. — Vendée.
Par *Hérode*, 1/2 s. N., et *Egérie*, 1/2 s. V., par Romuald, 1/2 s. V.
La Roche-sur-Yon : 1894. — Castré le 4 novembre 1895.

MANDRIN. — H. N.
Al. 1890. — Vendée.
Par *Grand-Papa*, 1/2 s. N., et *N.*, 1/2 s. V., par Beauvoir, 1/2 s. V.
La Roche-sur-Yon : depuis 1894.

MARQUIS. — H. N.
Al. 1890. — Charente-Inférieure.
Par *Kourly*, P. S. A.-A., et *Espérance*, 1/2 s. Char.,
par Carmin, 1/2 s. N.
La Roche-sur-Yon : depuis 1894.

MARS. — H. N.
Bb. 1890. — Vendée.
Par *Fuschia*, 1/2 s. N., et *Guinée*, 1/2 s. V., par Albrant, 1/2 s. N.
Sa grand'mère : par Pactole, 1/2 s. N.
La Roche-sur-Yon : depuis 1894.

MARTINET, ex-**CONQUÉRANT**. — H. N.
Al. 1890. — Charente-Inférieure.
Par *Croissant*, P. S. A.-A., et *Marquise*, 1/2 s. Char.,
par Torcol, 1/2 s. N.
La Roche-sur-Yon : depuis 1894.

MERVEILLEUX. — H. N.
Al. 1890. — Vendée.
Par *Grand-Papa*, 1/2 s. N., et *Destinée*, 1/2 s. V.,
par Pactole, 1/2 s. N.
Sa grand'mère : par Acacia, 1/2 s. N.
La Roche-sur-Yon : depuis 1894.

MILTON. — H. N.
Ro. 1890. — Charente-Inférieure.
Par *Kourly*, P. S .A.-A., et *Paule*, 1/2 s. Char., par Jouteur, 1/2 s. N.
La Roche-sur-Yon : 1894. — Libourne le 10 décembre 1894.

MIROBOLANT (approuvé). — M. Tranchant.
Al. 1890. — Vendée.
Par *Epilogue*, 1/2 s. V., et une fille d'Amadis, 1/2 s. N.
Saintes : depuis 1894.

MONTLUC. — H. N.
B. 1890. — Loire-Inférieure.
Par *Amical*, 1/2 s. V., et *Elégante*, 1/2 s. V., par Beauvoir, 1/2 s. V.
La Roche-sur-Yon : 1894. — Castré le 16 août 1897.

MYSTÈRE. — H. N.
Al. 1890. — Vendée.
Par *Helvétius*, 1/2 s. N., et *N.*, 1/2 s. V., par Liban, 1/2 s. N.
Sa grand'mère : par Julien, 1/2 s. N.
La Roche-sur-Yon : depuis 1894.

MYSTÉRIEUX. — H. N.
B. 1890. — Vendée.
Par *Hérode*, 1/2 s. N., et *Mirza*, 1/2 s. V., par Sedan, P. S. A.
Sa grand'mère : par Black-Eyes, P. S. A.
La Roche-sur-Yon : depuis 1894.

NACVILLE. — H. N.
B. 1891. — Charente-Inférieure.
Par *Decrescendo*, 1/2 s. V., et *Margot*, 1/2 s. Char.,
par Kalife, 1/2 s. N.
Sa grand'mère : par Urville, 1/2 s. N.,
La Roche-sur-Yon : depuis 1895.

NAGEUR (approuvé). — M. Ravaud.
B. 1891. — Charente-Inférieure.
Par *Croissant*, P. S. A.-A., et *Torcol*, 1/2 s. N., par une 1/2 s. N.
Saintes : depuis 1895.

NALLIERS. — H. N.
B. 1891. — Vendée.
Par *Arcole*, 1/2 s. N., et *Consolation*, 1/2 s. V., par Pactole.
1/2 s. N.
Sa grand'mère : Malvina, par Calderon, 1/2 s. N.
La Roche-sur-Yon : depuis 1895.

NANCY. — H. N.
N. 1891. — Orne.
Par *Edimbourg*, 1/2 s. N., et *Indienne*, P. S. A., par Fataliste.
La Roche-sur-Yon : 1895. — Castré le 16 août 1897.

NARBO. — H. N.
B. 1891. — Vendée.
Par *Caribert*, 1/2 s. N., et *Clairette*, 1/2 s. V.,
par Jambes-d'Argent, 1/2 s. N.
Sa grand'mère : par Auriol, P. S. A.
La Roche-sur-Yon : depuis 1896.

NATIONAL. — H. N.
B. 1891. — Charente-Inférieure.
Par *Milan Ier*, P. S. A., et *Coquette*, 1/2 s. Char.,
par Lazzarone, P. S. A.-A.
Sa grand'mère : par Ordinal, 1/2 s. N.
Saintes : depuis 1895.

NAUCRATE. — H. N.
B. 1891. — Vendée.
Par *Gascon*, 1/2 s. V., et *Grisette*, 1/2 s. V., par Shériff, 1/2 s. N.
Sa grand'mère : par Kabasson, 1/2 s.
La Roche-sur Yon : depuis 1895.

NAUTILUS. — H. N.
Al. 1891. — Vendée.
Par *Epilogue*, 1/2 s. V., et *Julie*, 1/2 s. V., par Terme, 1/2 s.
Sa grand'mère : par Pasteur, P. S. A.
La Roche-sur-Yon : depuis 1895.

NAVIRE. — H. N.
Bb. 1891. — Vendée.
Par *Goldoni*, 1/2 s. N., et *Nitra*, 1/2 s. V., par Printemps,
P. S. A.
Sa grand'mère : par Néflier, 1/2 s. N.
La Roche-sur-Yon : depuis 1895.

NÉGRIER, ex-**NELSON**. — H. N.
N. 1891. — Manche.
Par *Indo-Chine*, 1/2 s. N., et *Manche*, 1/2 s. N., par Usuel,
1/2 s. N.
Sa grand'mère : par Télémaque, 1/2 s. N.
Sa bisaïeule : par Lavater, 1/2 s. N.
Saintes : depuis 1895.

NEMROD (approuvé). — M. Bastard.
Al. 1891. — Vendée.
Par *Hérode*, 1/2 s. N.
La Roche-sur-Yon : depuis 1895.

NÉRON. — H. N.
B. 1891. — Charente-Inférieure.
Par *Parsac*, 1/2 s. V., et *Frileuse*, 1/2 s. Char.,
par Auditeur, 1/2 s. V.
Saintes : depuis 1895.

NEZ-BLANC. — H. N.
B. 1891. — Vendée.
Par *Gascon*, 1/2 s. V., et *Alma*, 1/2 s. V., par Printemps,
P. S. A.
Sa grand'mère : par Jupiter, 1/2 s. N.
Saintes : depuis 1895.

NIC. — H. N.
N. 1891. — Charente-Inférieure.
Par *Insigne*, 1/2 s. N., et *Coquette*, 1/2 s. Char.,
par Orphéon, 1/2 s. N.
Sa grand'mère : par Routier, 1/2 s. N.
Saintes : depuis 1895.

NICK (approuvé). — M. Auger.
B. 1891. — Charente-Inférieure.
Par *Decrescendo*, 1/2 s V., et une fille d'Héliodore, 1/2 s. N.
Saintes : depuis 1895.

NICODÈME. — H. N.
Al. 1891. — Vendée.
Par *Helvétius*, 1/2 s. N., et *Jahel*, 1/2 s. V.,
par Terme, 1/2 s. N.
Sa grand'mère : par Julien, 1/2 s. N.
La Roche-sur-Yon : depuis 1895.

NIGOLET. — H. N.
B. 1891. — Manche.
Par *Reynolds*, 1/2 s. N., et *Epinglette*, 1/2 s. N.,
par Lavater, 1/2 s. N.
Sa grand'mère : Stella, P. S. A.
Saintes : depuis 1895.

NIORT, ex-**ARIUS**. — H. N.
Al. 1891. — Vendée.
Par *Arius*, 1/2 s. V., et *Alezane* (origine inconnue).
La Roche-sur-Yon : depuis 1895.

NIVERT. — H. N.
B. 1891. — Charente-Inférieure.
Par *Auditeur*, 1/2 s. V., et *Coquette*, 1/2 s. V,
par Ordinal, 1/2 s. N.
Saintes : depuis 1895.

NONANCOURT. — H. N.
Bb. 1891. — Charente-Inférieure.
Par *Hiver*, 1/2 s. N., et *Betty*, 1/2 s. Char., par Quitter, 1/2 s. N.
Sa grand'mère : par Gustave, 1/2 s. N.
Saintes : 1895. — Castré le 17 août 1897.

NORDBERG. — H. N.
Bb. 1891. — Nièvre.
Par *Cherbourg*, 1/2 s. N., et *Bégonia*, P. S. A., par Zut.
Sa grand'mère : La Bastille, P. S. A.
La Roche-sur-Yon : depuis 1895.

OBÉRON. — H. N.
B. 1892. — Vendée.
Par *Hérode*, 1/2 s. N., et *Julie*, 1/2 s. V., par Beauvoir, 1/2 s. V.
Sa grand'mère : par John-Bull, P. S. A.
La Roche-sur-Yon : depuis 1896.

OBI. — H. N.
Al. 1892. — Charente-Inférieure.
Par *Quibbler*, 1/2 s. N., et *Gabrielle*, 1/2 s. Char., per Lazzarone,
P. S. A.-A.
Sa grand'mère : par Héliodore, 1/2 s. N,
Saintes : depuis 1896.

ODÉON. — H. N.
B. 1892. — Charente-Inférieure.
Par *Quibbler*, 1/2 s. N., et *Caroline*, 1/2 s. Char., par Michel,
1/2 s. N.
Sa grand'mère : par Beddredin, P. S. Ar.
Saintes : depuis 1896.

OHIO, 1/2 s. N. — H. N.
Al. 1892. — Manche.
Par *Fontenay*, 1/2 s. N., et *Inconnue*, 1/2 s. N., par Aristocrate,
1/2 s. N.
Sa grand'mère : par Pretty-Boy, P. S. A.
Saintes : 1896. — Castré le 20 août 1896.

OLIBRIUS. — H. N.
Al. 1892. — Charente-Inférieure.
Par *Jourdan*, 1/2 s. N., et *Kermesse*, 1/2 s. V., par Calvin,
1/2 s. N.
Sa grand'mère : par Linsey-Wolsey, P. S. A.
La Roche-sur-Yon : depuis 1896.

OLYMPE. — H. N.
B. 1892. — Charente-Inférieure.
Par *Barsac*, 1/2 s. V., et *Ernestine*, 1/2 s. Saint., par Beaudignan,
1/2 s. Big.
La Roche-sur-Yon : depuis 1896.

OMER-PACHA. — H. N.
B. 1892. — Vendée.
Par *Hérode*, 1/2 s. N., et *Katrine*, 1/2 s. V., par Caribert, 1/2 s. N.
Sa grand'mère : par Kapirat II, 1/2 s. N.
La Roche-sur-Yon : depuis 1896.

ORDINAL. — H. N.
B. 1892. — Charente-Inférieure.
Par *Hertré*, 1/2 s. N., et *Livia*, 1/2 s. Char., par Ordinal, 1/2 s. N.
Sa grand'mère : par Bissextil, P. S. A
Saintes : depuis 1896.

ORLÉANS. — H. N.
Bb. 1892. — Vendée.
Par *Urville*, 1/2 s. Char., et *Argentine*, 1/2 s. V., par Black-Eyes,
P. S. A.
Sa grand'mère : par The Roué, P. S. A.
La Roche-sur-Yon : depuis 1896.

ORPHÉON. — H. N.
B. 1892. — Vendée.
Par *Hérode*, 1/2 s. N., et *Kasarka*, 1/2 s. V., par Queymadéro,
1/2 s. V.
La Roche-sur-Yon : depuis 1896.

ORTOLAN. — H. N.
B. 1892. — Loire-Inférieure.
Par *Albrant*, 1/2 s. N., et *Historiette*, 1/2 s. V., par Arcole,
1/2 s. N.
Sa grand'mère : par Kapirat II, 1/2 s. N.
La Roche-sur-Yon : depuis 1896.

OSCAR. — H. N.
Ro. 1892. — Vendée.
Par *Caribert*, 1/2 s. N., et *Clairette*, 1/2 s. V., par Jambes-d'Argent,
1/2 s. N.
Sa grand'mère : par Auriol, P. S. A.
La Roche-sur-Yon : depuis 1896.

OSPODAR. — H. N.
Al. 1892. — Vendée.
Par *Caribert*, 1/2 s. N., et *Fleur-de-Mai*, 1/2 s. V., par Vanité,
1/2 s. V.
Sa grand'mère : par Beauvoir, 1/2 s. V.

OURAGAN. — H. N.
B. 1892. — Vendée.
Par *Urvillle*, 1/2 s. Char., et *La Liban*, 1/2 s. V., par Liban,
1/2 s. N.
Sa grand'mère : par Henri IV, 1/2 s. N.
Saintes : depuis 1896.

PANAMA. — H. N.
Al. 1893. — Charente-Inférieure.
Par *Quibbler*, 1/2 s. N., et *Héliante*, 1/2 s. Char.,
par Lazzarone. P. S. A.-A.
Sa grand'mère : par Héliodore, P. S. A.
La Roche-sur-Yon : depuis 1897.

PARTISAN (approuvé). — M. Guillaud.
B. 1893. — Vendée.
Par *Kemeth*, 1/2 s. N., et une fille de Vanité, 1/2 s. V.
Saintes : depuis 1897.

PASSE-PARTOUT. — H. N.
Al. 1893. — Charente-Inférieure.
Par *Hertré*, 1/2 s. N., et *Fauvette*, 1/2 s. Char.,
par Quibbler, 1/2 s. N.
Saintes : depuis 1897.

PASSE-PARTOUT. — H. N.
Al. 1893. — Charente-Inférieure.
Par *Kellerman*, 1/2 s. Char., et *Belle-Zamine*, 1/2 s. Char.,
par Rébus, 1/2 s. N.
Sa grand'mère : par Émilien, P. S. A.
La Roche-sur-Yon : depuis 1897.

PATAPAN. — H. N.
Al. 1893. — Vendée.
Par *Kœnigsberg*, 1/2 s. N., et *N.*, 1/2 s. V., par Terme, 1/2 s. N.
Sa grand'mère : par Black-Eyes, P. S. A.
La Roche-sur-Yon : depuis 1897.

PATIN, ex-**PATRIOTE**. — H. N.
Al. 1893. — Vendée.
Par *Helvétius*, 1/2 s. N., et *N.*, 1/2 s. V., par Julien, 1/2 s. N.
Sa grand'mère : par Necker, 1/2 s. N.
La Roche-sur-Yon : depuis 1897.

PATRIOTE. — H. N.
B. 1893. — Charente-Inférieure.
Par *Cherbourg*, 1/2 s. N., et *Minerve*, 1/2 s. V., par Beauvoir,
1/2 s. V.
Sa grand'mère : par *Kapirat II*, 1/2 s. N.
La Roche-sur-Yon : depuis 1897.

PAYSAN. — H. N.
B. 1893. — Vendée.
Par *Karral*, 1/2 s. V., et *Diane*, 1/2 s. V., par Arcole, 1/2 s. N.
Sa grand'mère : par Beauvoir, 1/2 s. V.
La Roche-sur-Yon : depuis 1897.

PELLICO. — H. N.
B. 1893. — Vendée.
Par *Jourdon*, 1/2 s. N., et *Rosalie*, 1/2 s. V., par Jambes-d'Argent,
1/2 s. N.
La Roche-sur-Yon : depuis 1897.

PHÉBUS. — H. N.
B. 1893. — Loire-Inférieure.
Par *Arcole*, 1/2 s. N., et *Quetty*, 1/2 s. V., par Nique, 1/2 s. N.
Sa grand'mère : par Sillon, 1/2 s. N.
La Roche-sur-Yon : depuis 1897.

PIRATE. — H. N.
B. 1893. — Vendée.
Par *Hérode*, 1/2 s. N., et *L'Abbesse-d'Orouet*, 1/2 s. V.
par Terme, 1/2 s. N.
Sa grand'mère : par Black-Eyes, P. S. A.
La Roche-sur-Yon : depuis 1897.

PISTOLET. — H. N.
B. 1893. — Charente-Inférieure.
Par *Kellerman*, 1/2 s. Char., et *Hermine*, 1/2 s. Char.,
par Rébus, 1/2 s. N.
Sa grand'mère : par Misanthope, 1/2 s. N.
Saintes : depuis 1897.

POLICHINELLE. — H. N.
Al. 1893. — Loire-Inférieure.
Par *Epilogue*, 1/2 s. V., et *Folie*, 1/2 s. V., par Beauvoir, 1/2 s. V.
Sa grand'mère : par Malthus, 1/2 s. N.
Saintes : depuis 1897.

PRÉSIDENT. — H. N.
Al. 1893. — Charente Inférieure.
Par *Croissant*, P. S. A.-A., et *Marquise*, 1/2 s., Char., par Torcol,
1/2 s. N.
Sa grand'mère : par Lycurgue, 1/2 s. L.
Saintes : depuis 1897.

PRESTO, ex-**PAIMPOL**. — H. N.
Al. 1893. — Charente-Inférieure.
Par *Kellerman*, 1/2 s. Char.. et *Margot*, 1/2 s. Char.,
par Kalif, 1/2 s. N.
Sa grand'mère : par Urville, 1/2 s. N.
Saintes : depuis 1897.

PRINTEMPS. — H. N.
Al. 1893. — Charente-Inférieure.
Par *James-Watt*, 1/2 s. N., ou *Cherbourg*, 1/2 s. N., et *Légende*,
1/2 s. V., par Ronigo, 1/2 s. V.
La Roche-sur-Yon : depuis 1897.

PRUDENT. — H. N.

B. 1893. — Charente-Inférieure.
Par *Issy*, 1/2 s. N., et *Catot*, 1/2 s. Char., par Confidence, 1/2 s. A.
Sa grand'mère : par Topinambour.
La Roche-sur-Yon : depuis 1897.

RODILARD. — H. N.

B. 1873. — Charente-Inférieure.
Par *Héliodore*, 1/2 s. N., et une fille de Ruban, 1/2 s. N.
Saintes : 1877. — Abattu le 27 juillet 1894.

RODOMONT. — H. N.

B. 1873. — Charente-Inférieure.
Par *Cauvicourt*, 1/2 s. N., et une 1/2 s. Char., par Boëldieu,
1/2 s. N.
Saintes : 1877. — Castré le 5 août 1891.

ROMULUS. — H. N.

B. 1873. — Charente-Inférieure.
Par *Platoff*, 1/2 s. R., et une fille de Lamborn, 1/2 s. Birg.
Saintes : 1877. — Castré le 16 septembre 1892.

ROQUELAURE. — H. N.

B. 1873. — Vendée.
Par *Lahire*, 1/2 s. N., et une 1/2 s. V., par Necker, 1/2 s. N.
La Roche-sur-Yon : 1877. — Castré le 12 septembre 1892.

SAMSON. — H. N.

Al. 1874. — Vendée.
Par *Kapirat II*, 1/2 s. N., et une 1/2 s. V., par Barbe-Bleue,
1/2 s. N.
Sa grand'mère : par Alisor, 1/2 s. N.
La Roche-sur-Yon : 1878. — Abattu le 10 août 1895.

SPÉCIMEN. — H. N.

B. 1874. — Charente-Inférieure.
Par *Nézel*, 1/2 s. N., et une 1/2 s. Char., par Carmin,, 1/2 s. N.
Saintes ; 1878. — Castré le 26 août 1895.

SYLVIO (approuvé). — M. Robert. — M. Bouillé.
B. 1874. — Charente.
Par *Nézel*, 1/2 s. N., et une 1/2 s. Char., par Emilien, P. S. A.
La Roche-sur-Yon : 1878-1893.

TATIUS. — H. N.
B. 1875. — Charente-Inférieure.
Par *Wolfram*, P. S. A., et une 1/2 s. Char.
Saintes : 1880. — Castré le 17 août 1894.

TINTAMARE (approuvé).
M. Antonin Bouillé, 1880. — M. Auger.
B. 1875. — Charente-Inférieure.
Par *Nessus*, 1/2 s. N., et une 1/2 s. Char.
La Roche-sur-Yon : 1879. — Saintes : 1880-1896.
N'a pas été présenté pour la monte de 1897.

TRIBUN. — H. N.
Al. 1875. — Charente-Inférieure.
Par *Ordinal*, 1/2 s. N., et une 1/2 s., fille de Bissextil, P. S. A.
Saintes : 1879. — Castré le 17 août 1894.

ULTIMO, ex-**ULRICH**. — H. N.
Al. 1876. — Vendée.
Par *Ras-el-Abiad*, P. S. Ar., et une fille de Farfadet, 1/2 s. N.
La Roche-sur-Yon : 1880. — Castré le 13 août 1894.

UNITAIRE, ex-**ULTOR**. — H. N.
Al. 1876. — Vendée.
Par *Glaneur*, P. S. A., et une 1/2 s. concédée par l'Etat.
La Roche-sur-Yon : 1880. — Castré le 26 août 1895.

URFÉ. — H. N.
B. 1876. — Charente-Inférieure.
Par *Ordinal*, 1/2 s. N., et une 1/2 s. Char., par Misanthrope,
1/2 s. N.
La Roche-sur-Yon : 1880. — Castré le 13 août 1894.

URGEL. — H. N.
Al. 1876. — Charente-Inférieure.
Par *Imperator*, 1/2 s. V., et une jument de 1/2 s.
Saintes : depuis 1880.

USURPATEUR..— H. N.
Al. 1876. — Vendée.
Par *Jupiter*, 1/2 s. N., et une 1/2 s., par Isly, P. S. Ar.,
La Roche-sur-Yon : 1880. — Castré le 13 août 1894.

VAISSEAU, ex-VERT-GALANT. — H. N.
Al. 1877. — Vendée.
Par *Kapirat II*, 1/2 s. N., et une fille de Royal-Quand-Même,
P. S. A.
Sa grand'mère : par John-Bull, 1/2 s. N.
La Roche-sur-Yon : 1881. — Mort le 15 juillet 1892.

VALENCIENNES, ex-VOLGA.— H. N.
Al. 1877. — Vendée.
Par *Kapirat II*, 1/2 s. N., et une fille de Julien, 1/2 s. N.
Sa grand'mère : par Gainsborough, 1/2 s. A.
La Roche-sur-Yon : depuis 1881.

VALIDE. — H. N.
B. 1877. — Charente.
Par *Quibbler*, 1/2 s. N., et une fille de Lucifer, 1/2 s. N.
La Roche-sur-Yon : 1881. — Castré le 16 août 1897.

VANITÉ, ex-VERMEIL. — H. N.
Al. 1877. — Vendée.
Par *Kapirat II*. 1/2 s. N., et une fille de Vulgaire ou
Acacia, 1/2 s. N.
Sa grand'mère : par Isigny, 1/2 s. N.
La Roche-sur-Yon : 1881. — Castré le 26 août 1895.

VERMOUTH. — H. N.
Bb. 1877. — Charente-Inférieure.
Par *Quibbler*, 1/2 s. N., et une fille de Misanthrope, 1/2 s. N.
Saintes : 1881. — Castré le 17 août 1894.

VERROU, ex-VOLONTAIRE. — H. N
Al. 1877. — Vendée.
Par *Quinconce*, 1/2 s. N., et une fille de Necker, 1/2 s. N.
Saintes : 1881. — Castré le 26 août 1895.

VIOLON. — H. N.
Bb. 1877. — Charente-Inférieure.
Par *Orphéon*, 1/2 s. N., et une fille de Beddredin, P. S. Ar.
Saintes : 1881.— Castré le 16 septembre 1892.

VULTRA (approuvé). — M. Delfroux.
B. 1877. — Charente.
Par *Quand-Même*, 1/2 s. Char., et une fille de Nivôse, 1/2 s. N.
Saintes : 1881. — N'a pas été présenté pour la monte de 1892.

2^u

ÉTALONS

IMPORTÉS DANS LES CIRCONSCRIPTIONS DE

LA ROCHE-SUR-YON ET DE SAINTES

ETALONS

Importés dans les circonscriptions de la Roche-sur-Yon

et de Saintes.

ALBRANT, 1/2 s. — H. N.
Bb. 1878. — Maine-et-Loire.
Par *Normand*, 1/2 s. N., et une fille de Noteur ou Abrantès,
1/2 s. N.
La Roche-sur-Yon : 1882. — Mort le 2 juillet 1895.

AMADIS, 1/2 s. N. — H. N.
B. 1878. — Manche.
Par *Nadar*, 1/2 s. N., et une fille de Beaumanoir, 1/2 s. N.
La Roche-sur-Yon : 1882. — Castré le 24 août 1896.

ARCHITECTE, 1/2 s. N. — H. N.
Al. 1878. — Manche.
Par *Ugolin*, 1/2 s. N., et une 1/2 s. N., par The Heir-of-Linne,
P. S. A.
La Roche-sur-Yon : depuis 1882.

ARCOLE, 1/2 s. N. — H. N.
B. 1878. — Eure.
Par *Quinola*, 1/2 s. N., et une fille d'*Ipsilanty*, 1/2 s. N.
La Roche-sur-Yon : 1882. — Mort le 17 mai 1897.

AVRICOURT, 1/2 s. N. — H. N.
B. 1878. — Orne.
Par *Racoleur*, 1/2 s. N., et *Cyclope*, 1/2 s. N., par Trouville,
P. S. A.
Saintes : 1882. — Castré le 4 août 1896.

BACON, ex-**BALLON**, 1/2 s. N. — H. N.
B. 1879. — Manche.
Par *Kabin*, 1/2 s. N., et une fille de Séduisant, 1/2 s. N.
La Roche-sur-Yon : depuis 1883.

BARON, 1/2 s. N. — H. N.
B. 1879. — Orne.
Par *Officier*, *Pimpant* ou *Sabord*, 1/2 s. N., et une fille
d'Héliotrope, 1/2 s. N.
La Roche-sur-Yon : 1883. — Castré le 16 août 1897.

BEAUREGARD, 1/2 s. N. — H. N.
Al. 1879. — Orne.
Par *Jactator*, 1/2 s. N., et une fille de Vicomte, 1/2 s. N.
La Roche-sur-Yon : 1883. — Castré le 5 octobre 1897.

BERNADOTTE, 1/2 s. N. — H. N.
N. 1879. — Calvados.
Par *Phare*, 1/2 s. N., et une fille de Sancho, 1/2 s. N.
La Roche-sur-Yon : depuis 1883.

BÉZIERS, 1/2 s. N. — H. N.
Bb. 1879. — Calvados.
Par *Léotard*, 1/2 s. N., et une fille de Lord, 1/2 s. N.
La Roche-sur-Yon : 1883. — Castré le 16 août 1897.

BRILLANT, 1/2 s. (accepté).
M. Boutevillain.
B. 1888.
Par *Quirat*, 1/2 s. N., et une jument de trait.
La Roche-sur-Yon : depuis 1892.

BROWN, 1/2 s. N. — H. N.
B. 1879. — Manche.
Par *Ignoré*, 1/2 s. N., et une fille de Lothaire, 1/2 s. N.
La Roche-sur-Yon : 1883. — Castré le 13 août 1894.

CALVIN, ex-**COGNAC**, 1/2 s. N. — H. N.
Al. 1880. — Manche.
Par *Newton*, 1/2 s. N., et *Bijou*, par Jarnac, 1/2 s. N.
La Roche-sur-Yon : 1884. — Castré le 11 septembre 1893.

CARROSSIER, 1/2 s. N. — H. N.
B. 1880. — Calvados.
Par *Raifort*, 1/2 s. N., et *Capucine*, par Irlandais ou Esculape,
1/2 s. N.
Sa grand'mère : fille de Taconnet, 1/2 s. N.
La Roche-sur-Yon : 1884. — Mort le 25 mai 1893.

CAUSTIQUE, 1/2 s. N. — H. N.
B. 1880. — Manche.
Par *Régnard*, 1/2 s. N., et *Volante*, par Ignoré, 1/2 s. N.
Sa grand'mère : par Beaumanoir, 1/2 s. N.
La Roche-sur-Yon : 1884. — Abattu le 5 août 1896.

CÉSAR, 1/2 s. N. (accepté). — M. Tripon
Al. 1886.
Par *Aubigny* ou *Henri*, 1/2 s., et une fille de Raoul, 1/2 s.
La Roche-sur-Yon : depuis 1892.

CHASSEUR (accepté). — M. D. Brevet.
B. 1889.
Par *Nerwinde*, 1/2 s. N.
La Roche-sur-Yon : depuis 1893.

CHICAGO, 1/2 s. N. — H. N.
B. 1886. — Gironde.
Par *Parnasse*, P. S. A., et *Théo*, 1/2 s., par Le Major, P. S. A.
Sa grand'mère : par Y. Phœnomenon, 1/2 s. A.
Saintes : depuis 1892.

CONDOR, 1/2 s. N. — H. N.
B. 1880. — Seine-Inférieure.
Par *Régulier*, 1/2 s. N., et *Bichette*, 1/2 s. N.
La Roche-sur-Yon : 1884. — Castré le 5 octobre 1897.

CONSCRIT, 1/2 s. N. — H. N.
B. 1880. — Calvados.
Par *Saxifrage*, P. S. A., et une fille de Centaure, 1/2 s. N.
Sa grand'mère : par Jactator, 1/2 s. N.
La Roche-sur-Yon : 1884. — Castré le 24 août 1896.

COTE-D'OR, 1/2 s. N. — H. N.
Al. 1880. — Manche.
Par *Schiller*, 1/2 s. N., et *Lisette*, par Invariable, 1/2 s. N.
Saintes : 1884. — Castré le 26 août 1895.

DAGOBERT, 1/2 s. N. — H. N.
B. 1881. — Orne.
Par *Saxifrage*, P. S. A., et *Diane*, 1/2 s. A.
La Roche-sur-Yon : depuis 1885.

DARWIN, 1/2 s. N. — H. N.
Bb. 1881. — Orne.
Par *Héliotrope*, 1/2 s. N., et une 1/2 s. N., par Centaure, 1/2 s. N.
Saintes : 1885. — Castré le 5 septembre 1893.

DÉRATÉ, 1/2 s. N. (approuvé).
M. A. Rousselot, 1887. — H. N. 1889.
B. 1881. — Sarthe.
Par *Phaéton*, 1/2 s. N., et *Espérance*, par Abrantès, 1/2 s. N.
Sa grand'mère : Sultane, par Gaulois, 1/2 s. N.
Sa bisaïeule : fille de Destin, 1/2 s. N.
La Roche-sur-Yon : 1887-1888. — Saintes : 1889.
Abattu le 13 février 1894.

DIABLE-AU-CORPS, 1/2 s. N. — H. N.
Al. 1881. — Manche.
Par *Shamrock*, 1/2 s. A., et une fille d'Urus, 1/2 s. N.
La Roche-sur-Yon : depuis 1885.

DIMITRI, ex-**DOUBLON**. 1/2 s. N. — H. N.
Bb. 1881. — Manche.
Par *Sénéchal*, 1/2 s. N., et une fille de Beaumarchais. 1/2 s. N.
La Roche-sur-Yon : 1885. — Castré le 24 août 1896.

EBOLI, ex-**ÉCUREUIL**, 1/2 s. N. — H. N.
Al. 1882. — Orne.
Par *Niger*, 1/2 s. N., et une 1/2 s. N., par Faust, P. S. A.
Sa grand'mère : par Buci, 1/2 s. N.
La Roche-sur-Yon : depuis 1886.

ÉCLAIR (accepté). — M. Isaac Godard.
Gr. 1892.
Par *Usurpateur*, 1/2 s. N., et une fille de Prince, 1/2 s. R.
La Roche-sur-Yon : depuis 1895.

ELBŒUF, 1/2 s. N. — H. N.
Bb. 1882. — Manche.
Par *Kabin*, 1/2 s. N., et une fille de Réservé, 1/2 s. N.
Saintes : 1886. — Castré le 16 septembre 1892.

ÉPHÈSE, ex-**ENOCH**, 1/2 s. N. — H. N.
B. 1882. — Manche.
Par *Utrecht*, 1/2 s. N., et une fille de Quickly, 1/2 s. N.
Sa grand'mère : par Kapirat, 1/2 s. N.
La Roche-sur-Yon : 1886. — Castré le 26 août 1895.

ERAGNY, ex-**ÉPERON**, 1/2 s. N. — H. N.
B. 1882. — Manche.
Par *Lodi*, 1/2 s. N., et une 1/2 s. N., par Shamrock, 1/2 s. A.
Sa grand'mère : par Succès, 1/2 s. N.
La Roche-sur-Yon : depuis 1886.

ESSEX, ex-**EFFACÉ**, 1/2 s. N. — H. N.
B. 1882. — Calvados.
Par *Soldat*, 1/2 s. N., et une fille de Marignan, 1/2 s. N.
Sa grand'mère : par Interprète, 1/2 s. N
La Roche-sur-Yon : depuis 1886.

EURITUS, 1/2 s. N. — H. N.
B. 1882. — Manche.
Par *Orfila*, 1/2 s. N., et une fille d'Unau, 1/2 s. N.
Sa grand'mère : 1/2 s. N , par Robinson, P. S. A.
La Roche-sur-Yon : 1886. — Castré le 24 août 1896.

FARO, 1/2 s. N. — H. N.
Bb. 1883. — Manche.
Par *Lavater*, 1/2 s. N., et une fille de Reynard, 1/2 s. N.
Saintes : 1887. — Castré le 16 septembre 1892.

FLORÉAL, 1/2 s. N. — H. N.
Bb. 1883. — Calvados.
Par *Phare*, 1/2 s. N., et une fille de Ribaud, 1/2 s. N.
Sa grand'mère : par Morgan, 1/2 s. N.
Sa bisaïeule : par Novi, 1/2 s. N.
La Roche-sur-Yon : 1887. — Castré le 26 août 1895.

FLORESTAN, 1/2 s. N. — H. N.
B. 1883. — Calvados.
Par *Tigris*, 1/2 s. N., et une fille de Kilomètre, 1/2 s. N.
Saintes : depuis 1887.

GARBON, 1/2 s. N. — H. N.
Bb. 1834. — Calvados.
Par *Acquila*, 1/2 s. N., et *Fleur-de-Mai*, 1/2 s. N., par Stade,
1/2 s. N.
Saintes : depuis 1888.

GAULOIS, 1/2 s. L. — H. N.
B. 1870. — Creuse.
Par *Caïque*, P. S. A., et une fille d'Ingénieux; 1/2 s. L.
La Roche-sur-Yon : 1877. — Abattu le 27 octobre 1894.

GAVRUS, 1/2 s. N. — H. N.
Al. 1884. — Manche.
Par *Banyuls*, 1/2 s. N., et une 1/2 s. N., par Aster, P. S. A.
Sa grand'mère : par Ugolin, 1/2 s. N.
Sa bisaïeule : par Uzel, 1/2 s. N.
La Roche-sur-Yon : 1888. — Castré le 26 août 1895.

GÉRICAULT, 1/2 s. N. — H. N.
Al. 1884. — Manche.
Par *Shamrock*, 1/2 s. A., et une fille d'Hélios, 1/2 s. N.
Sa grand'mère : par Macouba, 1/2 s. N.
Sa bisaïeule : par Nemrod, 1/2 s. N.
La Roche-sur-Yon : depuis 1888.

GÉRONTE, 1/2 s. N. — H. N.
Al. 1884. — Manche.
Par *Reynolds*, 1/2 s. N., et *Modestie*, 1/2 s. N.,
par The Heir-of-Linne, P. S. A.
Saintes : depuis 1888.

GITANO, 1/2 s. N. — H. N.
B. 1884. — Manche.
Par *Idoménée*, 1/2 s. N., et une fille de Newton, 1/2 s. N.
Saintes : 1888. — Castré le 5 septembre 1893.

GLADIATOR, 1/2 s. N. — H. N.
B. 1884. — Normandie.
Par *Lavater*, 1/2 s. N., et *Miss-of-Linne*. P. S. A.,
par The Heir-of-Linne, P. S. A.
Saintes : depuis 1889.

GLAIVE, 1/2 s. N. — H. N.
B. 1884. — Manche.
Par *Orphée*, 1/2 s. N., et *Finette*, 1/2 s. N., par Bravo, P. S. A.
La Roche-sur-Yon : 1888. — Castré le 24 août 1896.

GLARIS, 1/2 s. N. — H. N.
N. 1884. — Calvados.
Par *Phare*, 1/2 s. N., et *Fauvette*, par Ribaud, 1/2 s. N.
Sa grand'mère : fille d'Historien, 1/2 s. N.
La Roche-sur-Yon : 1888. — Castré le 16 août 1897.

GOLDINI, 1/2 s. N. — H. N.
B. 1884. — Calvados.
Par *Tristan*, 1/2 s. N., et une fille de Législateur, 1/2 s. N.
Sa grand'mère : par Coleraine, 1/2 s. A.
La Roche-sur-Yon : depuis 1888.

GRASSOUILLET, 1/2 s. N. — H. N.
N. 1884. — Calvados.
Par *Phare*, 1/2 s. N., et une 1/2 s. N., par Ribaud, 1/2 s. N.
Sa grand'mère : par Dragon, P. S. A.
La Roche-sur-Yon : depuis 1888.

GRATIN, 1/2 s. N. — H. N.
Bb. 1884. — Manche.
Par *Sénéchal*, 1/2 s. N., et une fille de Pancrace, 1/2 s. N.
Sa grand'mère : par Harmonieux, 1/2 s. N.
La Roche-sur-Yon : depuis 1888.

GRAVIER, 1/2 s. N. (approuvé).
M. Garreau, 1893. — M. Fresneau, 1895.
B. 1884.
Par *Arcole*, 1/2 s. N., et une fille d'Abrantès, 1/2 s. N.
La Roche-sur-Yon : depuis 1893.

HAMILTON, 1/2 s. N. — H. N.
N. 1885. — Calvados.
Par *Racoleur*, 1/2 s. N., et une fille d'Underham, 1/2 s. N.
Sa grand'mère : par Fleuron, 1/2 s. N.
La Roche-sur-Yon : depuis 1889.

HARFLEUR, 1/2 s. N. — H. N.
B. 1885. — Orne.
Par *Hannon*, 1/2 s. N., et *Mademoiselle-Rowe*, 1/2 s. N.,
par Pompon, 1/2 s. N.
Saintes : depuis 1889.

HAUT-HUPPÉ, 1/2 s. N. — H. N.
B. 1885. — Calvados.
Par *Kaolin*, P. S. A., et *Pastourelle*, par Voilà, 1/2 s. N.
Sa grand'mère : par Introuvable, 1/2 s. N.
La Roche-sur-Yon : depuis 1889.

HAUT-SAUTERNE, 1/2 s. N. — H. N.
Al. 1885. — Calvados.
Par *Phaéton*, 1/2 s. N., et *Rosalie*, par Fleuron, 1/2 s. N.
Sa grand'mère : par Buci, 1/2 s. N.
La Roche-sur-Yon : depuis 1889.

HECTOR, 1/2 s. N. — H. N.
N. 1885. — Orne.
Par *Dictateur*, 1/2 s. N., et *Giboulée*, par Niger, 1/2 s. N.
Sa grand'mère : par The Norfolk-Trotter, 1/2 s. N.
La Roche-sur-Yon : depuis 1889.

HÉLIOGABALE, ex-**HERMIT**, 1/2 s. N. — H. N.
Al. 1885. — Calvados.
Par *Cambacérès*, 1/2 s. N., et *Eglantine*, 1/2 s. N., par Eole II,
P. S. A.
Sa grand'mère : par Valdemar, 1/2 s. N.
La Roche-sur-Yon : depuis 1889.

HELVÉTIUS, ex-**HAMILTON**, 1/2 s. N. — H. N.
Al. 1885. — Manche.
Par *Banyuls*, 1/2 s. N., et *Bijou*, par Ugolin, 1/2 s. N.
Sa grand'mère : par Karbout, 1/2 s. N.
La Roche-sur-Yon : depuis 1889.

HÉMISTICHE, ex-**HENRIOT**, 1/2 s. N. — H. N.
Bb. 1885. — Manche.
Par *Uzerche*, 1/2 s. N., et une 1/2 s. N., par Auguste, P. S. A.
Sa grand'mère : par Volcan, 1/2 s. N.
La Roche-sur-Yon : depuis 1889.

HERCULANUM, 1/2 s. N. — H. N.
B. 1885. — Calvados.
Par *Oriental*, 1/2 s. N., et une fille de Kilogramme, 1/2 s. N.
La Roche-sur-Yon : 1889. — Castré le 26 août 1895.

HERNANI, 1/2 s. N. — H. N.
Al. 1885. — Calvados.
Par *Phaëton*, 1/2 s. N., et *Sérénade*, par Lucain, 1/2 s. N.
Sa grand'mère : par Ottoman, 1/2 s. N.
La Roche-sur-Yon : depuis 1889.

HÉRODE, ex-**HIDALGO**, 1/2 s. N. — H. N.
B. 1885. — Calvados.
Par *Typique*, 1/2 s. N., et une 1/2 s. N., par Liberator, 1/2 s. A.
Sa grand'mère : jument anglaise.
La Roche-sur-Yon : depuis 1889.

HÉRON, ex-**HÉRODE**, 1/2 s. N. — H. N.
Bb. 1885. — Calvados.
Par *Acquila*, 1/2 s. N., et *Violette*, par Kilomètre, 1/2 s. N.
Saintes · depuis 1890.

HERTRÉ, 1/2 s. N. — H. N.
Al. 1885. — Sarthe.
Par *Beaugé*, 1/2 s. N., et *Hélène*, par Elu, 1/2 s. N.
Saintes : depuis 1889.

HÉTÉROCLITE, ex-**HÉRITIER**, 1/2 s. N. — H. N.
B. 1885. — Calvados.
Par *Réussi*, P. S. A., et *La Dore*, par Conquérant, 1/2 s. N.
Saintes : depuis 1889.

HIVER, 1/2 s. N. — H. N.
Bb. 1885. — Manche.
Par *Attila*, 1/2 s. N., et *Opale*, 1/2 s. N., par Télémaque, 1/2 s. N.
Saintes : depuis 1889.

HOCQUAINCOURT, 1/2 s. N. — H. N.
N. 1885. — Orne.
Par *Tigris*, 1/2 s. N., et *Sans-Gêne*, 1/2, s., par Conquérant,
1/2 s. N.
Saintes : 1890. — Castré le 9 août 1890.

HOP, 1/2 s. N. — H. N.
B. 1885. — Manche.
Par *Vautrain*, 1/2 s. N., et *Castille*, par Victorieux, 1/2 s. N.
Sa grand'mère : fille de Volcan, 1/2 s. N.
La Roche-sur-Yon : depuis 1889.

HORIZONTAL, 1/2 s. N. — H. N.
Al. 1885. — Manche.
Par *Quality*, 1/2 s. N., et une 1/2 s. N., par Quickly, 1/2 s. N.
Saintes : depuis 1889.

HOUDAN, 1/2 s. N. — H. N.
B. 1885. — Orne.
Par *Quiclet*, 1/2 s. N., et *Bijou*, par Hidalgo, 1/2 s. N.
Saintes : depuis 1889.

HOULGATE, 1/2 s. N. — H. N.
Al. 1885. — Manche.
Par *Washington*, 1/2 s. All., et une fille d'*Agenda*, 1/2s. N.
Saintes : depuis 1889.

IARBAS, 1/2 s. N. — H. N.
Bb. 1886. — Calvados.
Par *Bataclan IV*, 1/2 s. N., et *L'Etoile*, par Intact, 1/2 s. N.
Saintes : depuis 1890.

ICOGLAN, 1/2 s. N. — H. N.
B. 1886. — Calvados.
Par *Page*, 1/2 s. N., et *Baillette*, par Jarnac, 1/2 s. N.
Saintes : depuis 1890.

IDOLE, 1/2 s. N. — H. N.
Al. 1886. — Orne.
Par *Tristan*, 1/2 s. N., et *Espérance*, par Ximénès, 1/2 s. N.
Saintes : depuis 1890.

IGITUR, ex-**INTRÉPIDE**. — H. N.
B. 1886. — Charente-Inférieure.
Par *Argos*, 1/2 s. V., et *Coralie*, 1/2 s. Char., par Nacqueville,
1/2 s. N.
Saintes : 1890. — Castré le 9 août 1890.

INDISCUTABLE, 1/2 s. N. — H. N.
B. 1886. — Manche.
Par *Domino-Noir*, 1/2 s. N., et une fille de Lansborn, 1/2 s. N.
Sa grand'mère : par Castor, 1/2 s. N.
La Roche-sur-Yon : depuis 1890.

INDRET, ex-**LAMBREQUIN**, 1/2 s. N. — H. N.
Bb. 1886. — Orne.
Par *Dictateur*, 1/2 s. N., et *Goélette*, par Oriental, 1/2 s. N.
Sa grand'mère : par Usbékieh, P. S. A.
La Roche-sur-Yon : depuis 1890.

INÉSPÉRÉ. — H. N.
Al. 1886. — Charente-Inférieure.
Par *Beauvoir*, 1/2 s. V., et *Isabelle*, 1/2 s. Char., par Karibon,
1/2 s. N.
Saintes : depuis 1890.

INFLAMMABLE, ex-IGOR, 1/2 s. N. — H. N.
Bb. 1886. — Manche.
Par *Santerre*, 1/2 s. N., et *Papillon*, 1/2 s. N., par Urus, 1/2 s. N.
Saintes : depuis 1890.

INSIGNE, 1/2 s. N. — H. N.
Bb. 1886. — Manche.
Par *Bataillon*, 1/2 s. N., et *Bijou*, 1/2 s., par Oranger, 1/2 s. N.
Saintes : 1890. — Castré le 26 août 1895.

INTÉGRAL, 1/2 s. N. — H. N.
B. 1886. — Manche.
Par *Colporteur*, 1/2 s. N., et *Castille*, par Dagobert, 1/2 s. N.
Saintes : depuis 1890.

INVENTEUR, ex-NUMA. — H. N.
B. 1886. — Charente-Inférieure.
Par *Argos*, 1/2 s. V., et *Sultane*, 1/2 s. Char., par Ordinal, 1/2 s. N.
Saintes : 1890. — Castré le 17 août 1897.

IPSÉ. — H. N.
Al. 1886. — Vendée.
Par *Vanité*, 1/2 s. V., et *Argus*, 1/2 s. V., par Liban, 1/2 s. N.
Saintes : depuis 1890.

IRUN, 1/2 s. N. — H. N.
N. 1886. — Calvados.
Par *Noville*, 1/2 s. N., et *Espérance II*, par Tigris, 1/2 s. N.
Sa grand'mère : fille de Quia, 1/2 s. N.
La Roche-sur-Yon : depuis 1890.

ISAMBAR, ex-INSENSÉ, 1/2 s. — H. N.
Bb. 1886. — Gironde.
Par *Bayard IV*, 1/2 s. N., et *Violette*, 1/2 s., par Gargantua,
P. S. A.-A.
Saintes : depuis 1890,

ISARD, ex-**IMPÉRIAL**. — H. N.
Bb. 1886. — Charente-Inférieure.
Par *Quibbler*, 1/2 s. N., et *Sensitive*, 1/2 s., par Kalbrenner,
1/2 s. N.
Saintes : 1890. — Castré le 9 août 1890.

ISIDORE, ex-**INDIGÈNE**. — H. N.
Al. 1886. — Charente-Inférieure.
Par *Depierrefonds*, 1/2 s. V., et *Finette*, 1/2 s. Char., par Puiset,
1/2 s. N.
Saintes : 1890. — Castré le 20 août 1896.

ISIEU, ex-**INTRÉPIDE**. — H. N.
B. 1886. — Vendée.
Par *Romuald*, 1/2 s. V., et *Orpheline*, 1/2 s. Char., par Kapirat II,
1/2 s. N.
Saintes : depuis 1890.

ISSY, 1/2 s. N. — H. N.
B. 1886. — Manche.
Par *Denis*, 1/2 s. N., et *Fanny*, par Vanikoro, 1/2 s. N.
Saintes : depuis 1890

JACQUET, 1/2 s. N. — H. N.
B. 1887. — Manche.
Par *Lavater*, 1/2 s. N., et *Allumette*, 1/2 s. N.,
par The Heir-of-Linne, P. S. A.
Sa grand'mère : par Eylau, P. S. A.-A.
La Roche-sur-Yon : depuis 1891.

JAFFA, 1/2 s. N. — H. N.
B. 1887. — Orne.
Par *Quiclet*, 1/2 s. N., et *Sédolis*, par Abrantès, 1/2 s. N.
Saintes : depuis 1891.

JANINA, 1/2 s. N. — H. N.
B. 1887. — Manche.
Par *Espadem*, 1/2 s. N., et *Fanny*, par Bataillon, 1/2 s. N.
Saintes : depuis 1891.

JAPONAIS, 1/2 s. N. — H. N.
B. 1887. — Manche.
Par *Diplomate*, 1/2 s. N., et *Charlotte*, 1/2 s. N.,
par Harmonieux, 1/2 s. N.
La Roche-sur-Yon : depuis 1892.

JASON III, 1/2 s. N. — H. N.
Bb. 1887. — Calvados.
Par *Tigris*, 1/2 s. N., et *Bécassine*, par Conquérant, 1/2 s. N.
Sa grand'mère : par Sultan, 1/2 s. N.
La Roche-sur-Yon : depuis 1891.

JEAN-BART, 1/2 s. N. — H. N.
Al. 1887. — Calvados.
Par *Delaware*, 1/2 s. N., et *Rosalba*, par Ignace, 1/2 s. N.
Saintes : depuis 1891.

JERK, 1/2 s. N. — H. N.
Al. 1887. — Manche.
Par *Canut*, 1/2 s. N., et *Charmante*, 1/2 s. N., par Nagel, 1/2 s. N.
La Roche-sur-Yon : depuis 1891.

JOB, ex-**JASMIN**, 1/2 s. N. — H. N.
B. 1887. — Manche.
Par *Vautrain*, 1/2 s. N., et *Ugoline*, par Ugolin, 1/2 s. N.
Sa grand'mère : 1/2 s. N., par Paladin, P. S. A.
La Roche-sur-Yon : 1891. — Castré le 16 août 1897.

JONCOURT, ex-**JONGLEUR**, 1/2 s. N. — H. N.
N. 1887. — Orne.
Par *Babo*, 1/2 s. N., et *Célina*, 1/2 s. N., par Hilaire, 1/2 s. N.
Saintes : depuis 1891.

JONGLEUR, 1/2 s. (accepté). — M. J. Fillion.
Al. 1891.
Par *Diable-au-Corps*, 1/2 s. N.
La Roche-sur-Yon : depuis 1895.

JONGLEUR, 1/2 s. N. — H. N.
B. 1887. — Calvados.
Par *Tigris*, 1/2 s. N., et *Virago*, 1/2 s. N., par Normand, 1/2 s. N.
Sa grand'mère : par Conquérant, 1/2 s. N.
La Roche-sur-Yon : 1892. — Castré le 26 août 1895.

JOURDAN, 1/2 s. N. — H. N.
Al. 1887. Calvados.
Par *Valencourt*, 1/2 s. N., et *Constance*, par Noville, 1/2 s. N.
Sa grand'mère : Fortuna, P. S. A.
La Roche-sur-Yon : depuis 1891.

JUJUBE, 1/2 s. N. — H. N.
Bb. 1884. — Orne.
Par *Attila*, 1/2 s. N., et une 1/2 s. N., par Abderham, P. S. A.
Saintes : depuis 1888.

JUSTICIER, ex-**JOVIAL**, 1/2 s. N. — H. N.
B. 1887. — Manche.
Par *Bretteur*, 1/2 s. N., et *Lisette*, par Y. Imposteur, 1/2 s. N.
La Roche-sur-Yon : depuis 1891.

KABOUL, 1/2 s. N. — H. N.
B. 1886. — Orne.
Par *Cherbourg*, 1/2 s. N., et *Champagne II*, par Rivoli,
1/2 s. N. (approuvé).
Sa grand'mère : par Lavater, 1/2 s. N.
La Roche-sur-Yon : depuis 1893.

KAIROUAN, 1/2 s. N. — H. N.
N. 1888. — Orne.
Par *Barrabas*, 1/2 s. N., et *Antonida*, P. S. A., par Saint-Cyr.
Saintes : depuis 1892. — Castré le 17 août 1897.

KAMPONG, ex **KACHEMIR**, 1/2 s. N. — H. N.
B. 1888. — Manche.
Par *Fulminant*, 1/2 s. N., et *Cocote*, 1/2 s. N., par Truplu, 1/2 s. N.
Sa grand'mère : par Kabin, 1/2 s. N.
La Roche-sur-Yon : depuis 1892.

KEEPSAKE, 1/2 s. N. — H. N.
N. 1888. — Manche.
Par *Colporteur*, 1/2 s. N., et *Marinette*, 1/2 s. N., par Qui-Vive,
1/2 s. N.
Sa grand'mère : par *Lavater*, 1/2 s. N.
La Roche-sur-Yon : 1892. — Castré le 12 septembre 1892.

KEMETH, 1/2 s. N. — H. N.
N. 1888. — Manche.
Par *Fournichon*, 1/2 s. N., et *Souvenir*, 1/2 s. N., par Saturne,
1/2 s. N.
Sa grand'mère : par Samman, 1/2 s. Ar.
La Roche-sur-Yon : 1892. — Castré le 26 août 1895.

KÉPLER, 1/2 s. N. — H. N.

Al. 1888. — Calvados.
Par *Bonnaire*, 1/2 s. N., et *Courtisane*, 1/2 s. N., par Patrick,
1/2 s. N.
Sa grand'mère : par Vice Roi (approuvé), 1/2 s. N.
Saintes : 1892. — Mort le 29 janvier 1894.

KERMÊS, ex-KÉLAT, 1/2 s. N. — H. N.

B. 1888. — Manche.
Par *Frontignan*, 1/2 s. N., et *Finette*, 1/2 s. N., par Platon, 1/2 s. N.
La Roche-sur-Yon : 1892. — Castré le 11 septembre 1893.

KILOMÈTRE, 1/2 s. N. — H. N.

B. 1888. — Orne.
Par *Cherbourg*, 1/2 s. N., et *Printanière*, 1/2 s. N., par Vermouth,
P. S. A.
Sa grand'mère : par Fitz-Pantaloon, P. S. A.
La Roche-sur-Yon : 1892.
Affecté au manège de l'Ecole du Pin le 21 octobre 1895.

KINO, ex-KAVIAR, 1/2 s. N. — H. N.

B. 1888. — Manche.
Par *Espoir*, 1/2 s. N., et *Rapide*, 1/2 s. N., par Saphir, 1/2 s. N.
Sa grand'mère : par Séduisant, 1/2 s. N.
La Roche-sur-Yon : 1892. — Castré le 24 août 1896.

KIVA, 1/2 s. N. — H. N.

B. 1888. — Manche.
Par *Frondeur*, 1/2 s. N., et *Reynolds*, 1/2 s. N., par Reynolds,
1/2 s. N.
Sa grand'mère : par Pretty-Boy, P. S. A.
Saintes : depuis 1892.

KLÉBER, 1/2 s. Big. — H. N.

B. 1888. — Dordogne.
Par *Freluquet*, 1/2 s. V., et *Fleurance*, 1/2 s. Big., par Parry,
P. S. A.
Sa grand'mère : par Nemrod, P. S. A.-A.
La Roche-sur-Yon : depuis 1892.

KŒNIGSBERG, 1/2 s. N. — H. N.

B. 1888. — Orne.
Par *Cherbourg*, 1/2 s. N., et *Dwina*, 1/2 s. N., par Serpolet-Bai,
1/2 s. N.
Sa grand'mère : par Kaolin, P. S. A.
La Roche-sur-Yon : depuis 1892.

KORRIGAN II, 1/2 s. (accepté). — M. L. Rochard.
Al. 1889.
Par *Korrigan*, 1/2 s.
La Roche-sur-Yon : depuis 1893.

KOUKA, 1/2 s. N. — H. N.
Al. 1888. — Calvados.
Par *Éperlan*, 1/2 s. N., et *Bijou*, 1/2 s. N., par Vice-Roi,
1/2 s. N.
Sa grand'mère : par Guignolet, P. S. A.
Saintes : 1892. — Castré le 17 août 1894.

KREMLIN, 1/2 s. N. — H. N.
B. 1888. — Orne.
Par *Phaéton*, 1/2 s. N., et *Pâquerette*, 1/2 s., par Quiclet,
1/2 s. N.
Sa grand'mère : par Abrantès, 1/2 s. N.
Saintes : depuis 1892.

LAGNY, 1/2 s. N. — H. N.
B. 1889. — Manche.
Par *Bataillon*, 1/2 s. N., et *Henriette*, 1/2 s. N., par Kabin,
1/2 s. N.
Sa grand'mère : par Volcan, 1/2 s. N.
La Roche-sur-Yon : depuis 1893.

LAMECH, 1/2 s. N. — H. N.
B. 1889. — Calvados.
Par *Don-Quichotte*, 1/2 s. N., et *Bettina*, 1/2 s. N.. par Rigolo,
1/2 s. N.
Sa grand'mère : par Conquérant, 1/2 s. N.
La Roche-sur-Yon : depuis 1893.

LAMPYRE, 1/2 s. N. — H. N.
Al. 1889. — Orne.
Par *Gérardmer*. 1/2 s. N., et *Albertine*, 1/2 s. N.,
par Norfolk-Trotter, 1/2 s. A.
Sa grand'mère : par Valdemar, 1/2 s. N.
La Roche-sur-Yon : depuis 1893.

LANDELLES, 1/2 s. N. — H. N.
B. 1889. — Manche.
Par *Dacapo*, 1/2 s. N., et *Menante*, par Shamrock, 1/2 s. A.
Sa grand'mère : par Macouba, 1/2 s. N.
La Roche-sur-Yon : depuis 1893.

LANDRECIES, ex-LANDIT, 1/2 s. N. — H. N.
Al. 1889. — Calvados.
Par *Livet*, 1/2 s. N., et *Tulipe*, 1/2 s. N., par Saint-Rigomer,
1/2 s. N.
Sa grand'mère : par Interprète, 1/2 s. N.
La Roche-sur-Yon : depuis 1893.

LARRON, 1/2 s. N. — H. N.
Bb. 1889. — Manche.
Par *Tourville*, 1/2 s. N., et *Bijou*, par Beaumanoir, 1/2 s. N.
Sa grand'mère : par Lion-d'Or, 1/2 s. N.
La Roche-sur-Yon : 1893. — Castré le 28 octobre 1893.

LASBORDES, 1/2 s. Big. — H. N.
Al. 1882. — Basses-Pyrénées.
Par *Sir-Régis*, P. S. A.. et une 1/2 s. Big., par Dahabi, P. S. Ar.
Saintes : 1886. — Castré le 26 août 1895.

LASSON, 1/2 s. N. — H. N.
B. 1889. — Manche.
Par *Darnétal*, 1/2 s. N., et *Cocote*, 1/2 s. N., par Utrecht,
1/2 s. N.
Sa grand'mère : par Daniel, 1/2 s. N.
La Roche-sur-Yon : depuis 1893.

LAURÉAT, 1/2 s. N. — H. N.
B. 1889. — Orne.
Par *Vampire*, 1/2 s. N., et *Gagne-Petit*, 1/2 s. N., par Unal,
1/2 s. N.
Sa grand'mère : par Optimé, 1/2 s. N.
La Roche-sur-Yon : 1893. — Castré le 11 septembre 1893.

LE GASCON, 1/2 s. N., (accepté). — M. Robert.
B. 1889.
Par *Gascon*, 1/2 s. N., et une fille de Shériff, 1/2 s. N.
La Roche-sur-Yon : depuis 1893.

LÉNA, ex-LÉONIDAS, 1/2 s. N. — H. N.
B. 1889. — Calvados.
Par *Dunois*, 1/2 s. N., et *Fanchette*, 1/2 s. N., par Utrecht,
1/2 s. N.
Sa grand'mère : par l'Incroyable, P. S. A.
La Roche-sur-Yon : depuis 1893.

5

LÉOBEN, ex-**GLORIEUX**, 1/2 s. N. — H. N.
B. 1889. — Calvados.
Par *Express*, 1/2 s. N., et *Maria*, 1/2 s. N., par Extase, 1/2 s. N.
Sa grand'mère : par Umbert, 1/2 s. N.
La Roche-sur-Yon : depuis 1893.

LE RAGLAN, 1/2 s. N. — H. N.
B. 1889. — Calvados.
Par *Saint-Rigomer*, 1/2 s. N., et *Rapide*, 1/2 s. N., par Regnard,
1/2 s. N.
Sa grand'mère : par Ursin, 1/2 s. N.
La Roche-sur-Yon : 1893. — Castré le 11 septembre 1893.

LE ROI-DE-PIQUE, 1/2 s. N. — H. N.
N. 1889. — Manche.
Par *Dard*, P. S. A., et *Lisa*, 1/2 s. N., par Phare, 1/2 s. N.
Sa grand'mère : par Impérial, 1/2 s. N.
La Roche-sur-Yon : 1893. — Castré le 2 novembre 1896.

LE TOPPER, 1/2 s. N. — H. N.
B. 1889. — Manche.
Par *Eson*, 1/2 s. N., et *Fillette*, 1/2 s. N., par Argonaut, P. S. A.
Sa grand'mère : par Dictateur, 1/2 s. N.
La Roche-sur-Yon : 1893. — Castré le 24 août 1896.

LEXOVIEN, 1/2 s. N. — H. N.
Al. 1889. — Calvados.
Par *Y. Kapirat*, 1/2 s. N., et *Victorieuse*, 1/2 s. N., par Vico,
1/2 s. N.
Sa grand'mère : par Shales, 1/2 s. A.
La Roche-sur-Yon : depuis 1893.

LIBAN, 1/2 s. N. (accepté). — M. Goubaud.
B. 1879.
Par *Julien*, 1/2 s. N., et une 1/2 s. V.
La Roche-sur-Yon : depuis 1883.

LICHEN, ex-**TURLUTON**, 1/2 s. — H. N.
N. 1889. — Vienne.
Par *Cherbourg*, 1/2 s. N., et *Portia*, P. S. A., par Blinkoolie.
Saintes : depuis 1893.

LINCOLN, 1/2 s. N. — H. N.
B. 1889. — Manche.
Par *Esbly*, 1/2 s. N., et *Lisette*, par Teinturier, 1/2 s. N.
Sa grand'mère : par Hippocrate, 1/2 s. N.
La Roche-sur-Yon : 1893. — Mort le 1er juin 1893.

LION, 1/2 s. N. — H. N.
B. 1889. — Manche.
Par *Socrate*, 1/2 s. N. (approuvé), et *Chérie*, 1/2 s. N.,
par Orville, 1/2 s. N.
Saintes : depuis 1893.

LONGJUMEAU, ex-**LÉONIDAS**, 1/2 s. N. — H. N.
Bb. 1889. — Manche.
Par *Dacapo*, 1/2 s. N., et *Algérienne*, 1/2 s. N., par Algérien,
1/2 s. N.
Sa grand'mère : par Lionceau, 1/2 s. N. (approuvé).
Saintes : depuis 1893.

LORD-PENZANCE, 1/2 s. A. (approuvé).
Cte de Juigné, 1885. — H. N., 1888.
B. 1895. — Angleterre.
Par *Palestine*, 1/2 s. A., et une fille de Grand-Inquisitor, 1/2 s. A.
La Roche-sur-Yon : 1885. — Castré le 13 août 1894.

LOUP-GAROU, 1/2 s. N. — H. N.
B. 1889. — Manche.
Par *Fontenay*, 1/2 s. N., et *Allumette*, 1/2 s. N.,
par The Heir-of-Linne, P. S. A.
Sa grand'mère : par Eylau, P. S. A.-A.
Saintes : depuis 1893.

LUBIE, 1/2 s. (approuvé). — M. Jéhanne.
N. 1889.
Par *Lancastre*, 1/2 s., et une fille de Bronze, 1/2 s.
La Roche-sur-Yon : 1895. — Passé dans la circonscription
de Lamballe en 1897.

LUMINEUX, ex-**LIVERPOOL**, 1/2 s. N. — H. N.
N. 1889. — Manche.
Par *Eson*, 1/2 s. N., et *Liza*, 1/2 s. N., par Télémaque, 1/2 s. N.
Sa grand'mère : par Inkermann, 1/2 s. N. (approuvé).
La Roche-sur-Yon : depuis 1893.

LUXEUIL, 1/2 s. N. — H. N.
B. 1889. — Manche.
Par *Darnétal*, 1/2 s. N., et *Bijou*, 1/2 s. N., par Quinte-Curce,
1/2 s. N.
Sa grand'mère : par Harmonieux, 1/2 s. N.
La Roche-sur-Yon : depuis 1893.

MADRAS, 1/2 s. N. — — H. N.
B. 1890. — Manche.
Par *Dacapo*, 1/2 s. N., et *Stockings*, 1/2 s. N., par Shamrock,
1/2 s. A.
Sa grand'mère : par Lodi, 1/2 s. N.
La Roche-sur-Yon : depuis 1894.

MADURA, ex-**TIC-TAC**, 1/2 s. N. — H. N.
B. 1890. — Manche.
Par *Hottentot*, 1/2 s. N., et *Sultane*, 1/2 s. N., par Dollar, 1/2 s. N.
Sa grand'mère : par Phare, 1/2 s. N.
La Roche-sur-Yon : depuis 1894.

MAGNAN, ex-**MARENGO**, 1/2 s. N. — H. N.
B. 1890. — Orne.
Par *Étudiant*, 1/2 s. N., et *Diane*, 1/2 s. N., par Quiclet, 1/2 s. N.
Sa grand'mère : par Abrantès, 1/2 s. N.
Saintes : depuis 1894.

MAGNOLIA, 1/2 s. N. — H. N.
B. 1890. — Manche.
Par *Hier* ou *Dacapo*, 1/2 s. N., et *Trombette*, 1/2 s. N.,
par Qui-Vive, 1/2 s. N.
Sa grand'mère : par Quasi, 1/2 s. N.
Saintes : depuis 1894.

MANNEVILLE, 1/2 s. N. — H. N.
B. 1890. — Manche.
Par *Calambac*, 1/2 s. N., et *Lutine*, 1/2 s. N., par Utrecht, 1/2 s. N.
Sa grand'mère, par Ignoré, 1/2 s. N.
La Roche-sur-Yon : depuis 1894.

MANUEL, 1/2 s. N. — H. N.
B. 1890. — Calvados.
Par *Gusman*, 1/2 s. N., et *Julie*, 1/2 s. N., par Rodon (approuvé),
1/2 s. N.
La Roche-sur-Yon : 1894. — Castré le 24 août 1896.

MARABOUT, 1/2 s. N. — H. N.
Al. 1890. — Orne.
Par *Gérardmer*, 1/2 s. N., et *Italienne*, 1/2 s. N.,
par Valdempierre, 1/2 s. N.
Sa grand'mère : par Oriental, 1/2 s. N.
La Roche-sur-Yon : 1894. — Castré le 16 août 1897.

MARC, 1/2 s. (accepté). — M. F. Mousset.
Al. 1890.
Par *Géranium*, 1/2 s. V., et une fille de Caribert, 1/2 s. N.
La Roche-sur-Yon : depuis 1894.

MARENGO, 1/2 s. N. — H. N.
Al. 1868. — Orne.
Par *Centaure*, 1/2 s. N., et une fille de Valdemar, 1/2 s. N.
Saintes : 1872. — Abattu le 20 juillet 1891.

MARENGO, 1/2 s. N. — H. N.
Bb. 1890. — Orne.
Par *Fuschia*, 1/2 s. N., et *Faustine*, par Serpolet-Bai, 1/2 s. N.
Sa grand'mère : par Kaolin, P. S. A.
La Roche-sur-Yon : depuis 1894.

MARTIN-SEC, 1/2 s. N. — H. N.
Bb. 1890. — Manche.
Par *Bataillon*, 1/2 s. N., et *Brebis*, 1/2 s. N., par Truplu, 1/2 s. N.
Sa grand mère : par Guelfe (approuvé), 1/2 s. N.
La Roche-sur-Yon : depuis 1894.

MATHA, 1/2 s. N. — H. N.
B. 1890. — Calvados.
Par *Hardy*, 1/2 s. N., et *Jacqueline*, 1/2 s. N., par Jackson, 1/2 s.
Sa grand'mère : par The Heir-of-Linne, P. S. A.
La Roche-sur-Yon : depuis 1894.

MÉDAILLON, 1/2 s. N. — H. N.
B. 1890. — Manche.
Par *Follet*, 1/2 s. N., et *Lisette*, 1/2. s. N., par Andromède,
1/2 s. N. (approuvé).
Sa grand'mère : par Solvable, 1/2 s. N.
Saintes : depuis 1894.

MÉDOC, 1/2 s. N. — H. N.
B. 1890. — Manche.
Par *Fred-Archer*, 1/2 s. N., et *Mary-Jane*, 1/2 s. N.,
par Reynolds, 1/2 s. N.
Sa grand mère, par Lavater, 1/2 s. N.
Saintes : depuis 1894.

MERCI, ex-**MASSÉNA**, 1/2 s N. — H. N.
B. 1890. — Orne.
Par *Edimbourg*, 1/2 s. N., et *Serbia*, 1/2 s. N., par Marignan,
1/2 s. N.
Sa gran'mère : par Knout, 1/2 s. N.
La Roche-sur-Yon : depuis 1894.

MERCURE, 1/2 s. N. — H. N.
B. 1890. — Calvados.
Par *Etendard*, 1/2 s. N., et *Irma*, 1/2 s. N., par Acquila, 1/2 s. N.
Sa grand'mère : par Jackson, 1/2 s. N.
Saintes : depuis 1894.

MISTIGRI, 1/2 s. N. (accepté). — M. Bordier,
B. 1885.
Par *Damby*, P. S. A.
La Roche-sur-Yon : 1890.

MISTRAL, 1/2 s. N. — H. N.
B. 1890. — Orne.
Par *Edimbourg*, 1/2 s. N., et *Galantine*, 1/2 s. N., par Alaric,
1/2 s. N.
Sa grand'mère : par Destin, 1/2 s. N.
Saintes : depuis 1894.

MOUJICK, 1/2 s. N. — H. N.
B. 1890. — Calvados.
Par *Etendard*, 1/2 s. N. et *Ravage*, 1/2 s. N. par Torrent, P. S. A.
Sa grand'mère : par Ignace, 1/2 s. N.
La Roche-sur-Yon : depuis 1894.

MOULIN-ROUGE, 1/2 s. N. — H. N.
B. 1890. — Calvados.
Par *Etendard*, 1/2 s. N., et *Coquette*, 1/2 s. N., par Niger,
1/2 s. N.
Sa grand'mère : par Unguifère, 1/2 s. N.
La Roche-sur-Yon : depuis 1894.

MOUSQUETAIRE, 1/2 s. (approuvé). — M. Aillery.
B. 1890.
Par *Gascon*, 1/2 s. N., et une fille de Kalender, 1/2 s. N.
La Roche-sur-Yon : depuis 1894.

MOUSSE, 1/2 s. (accepté). — M. P. Mahé.
B. 1887.
Par *Sillon*, 1/2 s. N.
La Roche-sur-Yon : depuis 1893.

MYLORD, 1/2 s. N. — H. N.
Al. 1890. — Calvados.
Par *Valencourt*, 1/2 s. N. (approuvé), et *Orage*, 1/2 s. N.,
par Irlandais, 1/2 s. N.
Sa grand'mère : par Introuvable, 1/2 s. N.
La Roche-sur-Yon : depuis 1894.

NADAR, 1/2 s. N. — H. N.
B. 1891. — Manche.
Par *Fred-Archer*, 1/2 s. N., et *Nigra*, 1/2 s. N., par Idoménée,
1/2 s. N.
Sa grand'mère : par Ignoré, 1/2 s. N.
La Roche-sur-Yon : 1895. — Castré le 16 août 1897.

NANGIS, 1/2 s. N. — H. N
Al. 1891. — Sarthe.
Par *Fuschia*, 1/2 s. N., et *Espérance*, 1/2 s. N., par Abrantès,
1/2 s. N.
Sa grand'mère : par Destin, 1/2 s. N.
La Roche-sur-Yon : 1895.
Affecté au manège de l'École du Pin le 5 octobre 1897.

NANTES, ex-**NOMINAL**, 1/2 s. N. — H. N.
Bb. 1891. — Manche.
Par *Colporteur*, 1/2 s. N., et *La Petite*, 1/2 s. N., par Mars,
1/2 s. N.
Sa grand'mère : par The Heir-of-Linne, P. S. A.
La Roche-sur-Yon : depuis 1895.

NARGUÉ, 1/2 s. N. — H. N.
Bb. 1891. — Manche.
Par *Colporteur*, 1/2 s. N., et *Ecausseville*, 1/2 s. N., par Carnavalet,
1/2 s. N.
Sa grand'mère : par Lavater, 1/2 s. N.
La Roche-sur-Yon : 1895. — Castré le 5 octobre 1897.

NÉGUS, 1/2 s. N. — H. N.
N. 1891. — Orne.
Par *Echo*, 1/2 s. N., et *Coquette*, 1/2 s. N., par Kilomètre,
1/2 s. N
Sa grand'mère : jument anglaise.
La Roche-sur-Yon : depuis 1895.

NÉPAUL, 1/2 s. N. — H. N.
Ro. 1869. — Orne.
Par *Pater*, 1/2 s. N., et une fille de Lionceau, 1/2 s. N.
Saintes : 1873. — Mort en cours de monte le 13 juin 1892.

NERWINDE, 1/2 s. N. — H. N.
B. 1869. — Calvados.
Par *Orphelin*, P. S. A., et une 1/2 s. N., par Brimstone, P. S. A.
La Roche-sur-Yon : 1873. — Abattu en 1893.

NEUFCHÂTEL, 1/2 s. N. — H. N.
B. 1891. — Manche.
Par *Habéo*, 1/2 s. N., et *Bijou*, 1/2 s. N., par Ray-Grass, 1/2 s. N.
La Roche-sur-Yon : depuis 1895.

NEVERS, 1/2 s. — H. N.
B. 1891. — Gironde.
Par *Bayard IV*, 1/2 s. N., et *Zut*, ex-*Cendrillon*, 1/2 s., née dans
la Gironde, par Parnasse, P. S. A
Sa grand'mère : par Gage-d'Amour, P. S. A.
Saintes : depuis 1895.

NEW-YORK, 1/2 s. N. — H. N.
Bb. 1891. — Orne.
Par *Cherbourg*, 1/2 s. N., et *Néméa*, 1/2 s. N., par Noteur,
1/2 s. N.
Sa grand'mère : par The Norfolk-Phœnomenon, 1/2 s. A.
La Roche-sur-Yon : depuis 1895.

NICOBAR, 1/2 s. N. — H. N.
Bb. 1891. — Calvados.
Par *Harold*, 1/2 s. N., et *Orpheline*, 1/2 s. N., par Valparaiso,
1/2 s. N.
Sa grand'mère : par Stade, 1/2 s. N.
La Roche-sur-Yon : depuis 1895.

NIQUE, 1/2 s. (approuvé). — M. Robert.
B. 1891.
Par *Felsins*, 1/2 s. V., et une fille de Nique, 1/2 s. N.

NIVÔSE, 1/2 s. N. — H. N.
B. 1869. — Orne.
par *Beaumanoir*, 1/2 s. N., et une fille de Raylan, 1/2 s. N.
Saintes : 1873. — Abattu le 20 juillet 1891.

NOBLE-GARDE, 1/2 s. N. — H. N.
B. 1891. — Orne.
Par *Cherbourg*, 1/2 s. N., et *Emeraude*, 1/2 s. N.,
par Uriel, 1/2 s. N.
Sa grand'mère : par Niger, 1/2 s. N.
Saintes : 1895. — Castré le 26 octobre 1897.

NON-SENS, ex-**NANKIN**, 1/2 s. N. — H. N.
Al. 1891. — Orne.
Par *Phaëton*, 1/2 s. N., et *Balsamine*, 1/2 s. N., par Saint-Rigomer,
1/2 s. N.
Sa grand'mère : par Héliotrope, 1/2 s. N.
La Roche-sur-Yon : depuis 1895.

NONUS, 1/2 s. N. — H. N.
Al. 1891. — Manche.
Par *Gibraltar*, 1/2 s. N., et *Cocotte*, 1/2 s. N., par Gourmet,
P. S. A.
Sa grand'mère : par Jackson, 1/2 s. N.
La Roche-sur-Yon : 1895. — Mort le 31 juillet 1895.

NUZY, 1/2 s. N. — H. N.
B. 1868. — Orne.
Par *Ugolin*, 1/2 s. N., et une fille d'*Uzel*, 1/2 s. N.
Saintes : 1873. — Abattu le 20 juillet 1891.

OBLIGEANT, 1/2 s. N. — H. N.
B. 1892. — Calvados.
Par *Juvigny*, 1/2 s. N., et *Surprise*, 1/2 s. N., par Mazeppa, 1/2 s. N.
Sa grand'mère : par Othon, 1/2 s. N.
Saintes : depuis 1896.

OBSTRUCTEUR, ex-**ORTOLAN**, 1/2 s. N. — H. N.
Bb. 1892. — Orne.
Par *Valdempierre*, 1/2 s. N., et *Drayonne*, 1/2 s. N., par Franklin,
1/2 s. N.
Sa grand'mère : par Buci, 1/2 s. N.
Saintes : depuis 1896.

OCÉAN, 1/2 s. — H. N.
B. 1892. — Vendée.
Par *Goldoni*, 1/2 s. N., et *Nitra*, 1/2 s. V., par Printemps,
P. S. A.
Sa grand'mère : par Néflier, 1/2 s. N.
La Roche-sur-Yon : depuis 1896.

OCTAVE, 1/2 s. B. (approuvé).
Cte Le Gualès de Mézaubran.
B. 1883. — Côtes-du-Nord.
Par *Chassenon* ou *Danube*, P. S. A., et *Olga*, 1/2 s. B.,
par Beauvais, P. S. A.
Sa grand'mère : Cocotte, 1/2 s. B., par Infaillible, 1/2 s. N.
La Roche-sur-Yon : depuis 1891.

OCTIDI, 1/2 s. N. — H. N.
Bb. 1892. — Orne.
Par *Hérode*, 1/2 s. N., et *Somnambule*, P. S. A., par Zut.
Sa grand'mère : Suzette, P. S. A., par Le Sarrazin.
La Roche-sur-Yon : depuis 1896.

OCULISTE. — H. N.
B. 1892. — Calvados.
Par *Express*, 1/2 s. N., et *Estella*, 1/2 s. N., par Mine-d'Or.
1/2 s. N.
La Roche-sur-Yon : depuis 1896.

ODIEUX, ex-**OVIDE**, 1/2 s. N. — H. N.
Al. 1892. — Manche.
Par *Farnèse*, 1/2 s. N., et *Lisette*, 1/2 s. N., par Edgard.
1/2 s. N. (approuvé).
Sa grand'mère : par Hantain, 1/2 s. N. (approuvé)
La Roche-sur-Yon : depuis 1896.

ODILON, 1/2 s. N. — H. N.
B. 1892. — Calvados.
Par *Funnel*, 1/2 s. N. ou *Galant II*, 1/2 s. N., et *Solange*, 1/2 s. N.,
par Saint-Rigomer, 1/2 s. N.
Sa grand'mère : par Bataillon, 1/2 s. N.
La Roche-sur-Yon : depuis 1896.

ŒUF, ex-**OURAGAN**, 1/2 s. N. — H. N.
N. 1892. — Orne.
Par *Edimbourg*, 1/2 s. N., et *Iris*, 1/2 s. N., par Fataliste,
P. S. A.
Sa grand'mère : par Elu, 1/2 s. N.
La Roche-sur-Yon : depuis 1896.

OFFICIER, 1/2 s. (approuvé). — M. Robert.
B. 1892.
Par *Terme*, 1/2 s. N., et une fille d'Epilogue, 1/2 s. V.
Sa grand'mère : par Nectar, 1/2 s. N.
La Roche sur-Yon : depuis 1896.

OLDEMBOURG, 1/2 s. — H. N.
B. 1892. — Nièvre.
Par *Phaéton*, 1/2 s. N., et Vᵉ *Clicquot*, 1/2 s. N.,
par Cherbourg, 1/2 s. N.
Sa grand'mère : Champagne, 1/2 s. N., par Lavator, 1/2 s. N.
La Roche-sur-Yon : depuis 1896.

OLIBAN, 1/2 s. N. — H. N.
B. 1892. — Manche.
Par *Follet*, 1/2 s. N., et *Rase-Tout*, 1/2 s. N., par Upas, 1/2 s. N.
Sa grand'mère : par Jackson, 1/2 s. A.
La Roche-sur-Yon : depuis 1896.

ONDOYANT. ex-**ORONTE**, 1/2 s. N. — H. N.
Al. 1892. — Calvados.
Par *Dante*, 1/2 s. N., et *Favorite*, 1/2 s. N., par Régénérateur,
1/2 s. N.
Sa grand'mère : par Nomen, 1/2 s. N.
La Roche-sur-Yon : depuis 1896.

OPINIÂTRE, ex-**OUVRIER**, 1/2 s. N. — H. N.
N. 1892. — Calvados.
Par *Dante*, 1/2 s. N., et *Séduisante II*, 1/2 s. N.,
par Palm, 1/2 s. N.
Sa grand'mère : par Denmarck, 1/2 s. A,
La Roche-sur-Yon : 1896. — Castré le 24 août 1896.

OPPORTUN, ex-**OMER-PACHA**, 1/2 s. N. — H. N.
Al 1892. — Manche.
Par *Reynolds*, 1/2 s. N., et *Mandarine*, 1/2 s. N.,
par The Heir-of-Linne, P. S. A.
Sa grand'mère : par Succès, 1/2 s. N.
Saintes : depuis 1896.

ORCHIS, ex-**OGLIO**, 1/2 s. N. — H. N.
N. 1892. — Calvados.
Par *Phare*, 1/2 s. N., et *L'Etoile*, 1/2 s. N., par Léotard, 1/2 s. N.
Sa grand'mère : par Dragon, P. S. A.
La Roche-sur-Yon : depuis 1896.

ORGANISATEUR, ex-**ORME**, 1/2 s. N. — H. N.
B. 1892. — Orne.
Par *Cherbourg*, 1/2 s. N., et *Hardie*, 1/2 s. N., par Lavator,
1/2 s. N.
Sa grand'mère : par Phaëton, 1/2 s. N.
La Roche-sur-Yon : depuis 1896.

ORKNEY, 1/2 s. N. — H. N.
B. 1892. — Manche.
Par *Calambac*, 1/2 s. N., et *Rosette*, 1/2 s. N., par Tibère
1/2 s. N., (approuvé).
Sa grand'mère : par Riga, 1/2 s. N,
La Roche-sur-Yon : depuis 1896.

ORPHELIN, 1/2 s. N. — H. N.
B. 1892. — Sarthe.
Par *Fuschia*, 1/2 s. N., et *Kaoline*, 1/2 s. N., par Cicéron II,
1/2 s. N.
Sa grand'mère : par Phaëton, 1/2 s. N.
La Roche-sur-Yon : depuis 1896.

OTELLO, 1/2 s. N. — H. N.
B. 1892. — Calvados.
Par *Homard*, 1/2 s. N., et *Eglantine*, 1/2 s. N., par Interprète,
1/2 s. N.
Sa grand'mère : par Wanderer, 1/2 s. A.
Saintes : depuis 1896. — Castré le 20 août 1896.

OUDINEAU, 1/2 s. N. — H. N.
B. 1892. — Orne.
Par *Cherbourg*, 1/2 s. N., et *Formosa*, 1/2 s. N., par Niger,
1/2 s. N.
Sa grand'mère : par Gaulois, 1/2 s. N.
Saintes : depuis 1896.

OUEST, 1/2 s. N. — H. N.
B. 1892. — Calvados.
Par *Tigris*, 1/2 s. N., et *Gitana*, 1/2 s. N., par Niger, 1/2 s. N.
Sa grand'mère : L'Africaine, par Centaure, 1/2 s. N.
La Roche-sur-Yon : depuis 1897.

OURAL, 1/2 s. N. — H. N.
B. 1870. — Orne.
Par *Centaure*, 1/2 s. N., et une fille de Vladimir, 1/2 s. N.
Saintes : 1874. — Abattu le 19 août 1893.

OVAL, 1/2 s. N. — H. N.
B. 1892. — Calvados.
Par *J'y-Pensais*, 1/2 s. N., et *Loséa*, 1/2 s. N., par Don-Quichotte
1/2 s. N.
Sa grand'mère : par Valère, 1/2 s. N.
La Roche-sur-Yon : depuis 1896.

PACTOLE, 1/2 s. N. — H. N.
B. 1871. — Manche.
Par *The Heir-of-Linne*, P. S. A., et une fille de Giboyer, 1/2 s. N.
La Roche-sur-Yon : 1877. — Abattu le 24 août 1892.

PAROLI, 1/2 s. N. — H. N.
B. 1893. — Dordogne.
Par *Garbon*, 1/2 s. N., et *Nicotine*, 1/2 s. (née en Dordogne),
par Freluquet, 1/2 s. N.
La Roche-sur-Yon : depuis 1897.

PASSE-PARTOUT, 1/2 s. N. — H. N.
B. 1871. — Manche.
Par *Conquérant*, 1/2 s. N., et *Mina*, 1/2 s. N.
Saintes : 1875. — Abattu le 18 août 1893.

PERRIN, 1/2 s. N. — H. N.
Al. 1893. — Calvados.
Par *Dampierre*, 1/2 s. N., et *Lisette*, 1/2 s. N., par Raifort,
1/2 s. N.
Sa grand'mère : par Hick, 1/2 s. N.
La Roche-sur-Yon : depuis 1897.

PHOTOGRAPHE, 1/2 s. N. — H. N.
B. 1893. — Orne.
Par *Uriel*, 1/2 s. N., et *Lumineuse*, 1/2 s. N., par Fataliste,
P. S. A.
Sa grand'mère : par Urus, 1/2 s. N.
Saintes : depuis 1897.

PICADOR, 1/2 s. N. — H. N.
B. 1893. — Orne.
Par *Fuschia*, 1/2 s. N., et *Jardinière*, 1/2 s. N., par Beaugé,
1/2 s. N.
Sa grand'mère : par Parthénon, 1/2 s. N., ou Gall, 1/2 s. N.
Saintes : depuis 1897.

PICK-POCKET, 1/2 s. N. — H. N.
B. 1893. — Orne.
Par *Edimbourg*, 1/2 s. N., et *Gamine*, 1/2 s. N. par Phaéton,
1/2 s. N.
Sa grand'mère : Voltigeuse, par Parthénon ou Gall, 1/2 s. N.
La Roche-sur-Yon : depuis 1897.

PICOTIN, ex-**PRINCE-NOIR**, 1/2 s. N. — H. N.
N. 1893. — Calvados.
Par *Juvigny*, 1/2 s. N., et *La Juive*, 1/2 s. N., par Tigris,
1/2 s. N.
Sa grand'mère : Perlette, par Conquérant, 1/2 s. N.
La Roche-sur-Yon : depuis 1897.

PIERRE-LE-GRAND, 1/2 s. N.— H. N.
Al. 1893. — Orne.
Par *Fuschia*, 1/2 s. N., et *Galka*, 1/2 s. N., par Phaéton, 1/2 s. N.
Sa grand'mère : Isabelle, par Niger, 1/2 s. N.
La Roche-sur-Yon : depuis 1897.

POMPIGNAC, 1/2 s. — H. N.
B. 1893. — Gironde.
Par *Cherbourg*, 1/2 s. N., et *Favorite*, 1/2 s. N., par Phaéton,
1/2 s. N.
Sa grand'mère : par Abrantès, 1/2 s. N.
La Roche-sur-Yon : depuis 1897.

POMPON, 1/2 s. (approuvé). — M. de Lauzun.
B. 1891.
Par *Doncaster* ou *Ali-Bey*, et une fille de Morphée.
La Roche-sur-Yon : depuis 1897.

PORT-ROYAL, 1/2 s. N. — H. N.
Bb. 1893. — Seine-Inférieure.
Par *Kachemyr*, 1/2 s. N., et *Buchette*, 1/2 s. N., par Niger,
1/2 s. N.
Sa grand'mère : par Tamberlick, P. S. A.
La Roche-sur-Yon : depuis 1897.

PRINCE, 1/2 s. (accepté). — M. E. Moreau.
B. 1885.
Par *Prince*, 1/2 s. N.
La Roche-sur-Yon : 1885-1891.

PRINCE, ex-**PRINCE-NOIR**, 1/2 s. N. — H. N.
Bb. 1893. — Orne.
Par *Cherbourg*, 1/2 s. N., et *Visitandine*, 1/2 s. N., par Affidavit,
P. S. A.
Sa grand'mère : par Centaure, 1/2 s. N.
Sa bisaïeule : par Sylvio, P. S. A.
La Roche-sur-Yon : depuis 1897.

PRINCE-NOIR, 1/2 s. N. — H. N.
N. 1893. — Manche.
Par *Harley*, 1/2 s. N., et *Javotte*, 1/2 s. N., par Lavater, 1/2 s. N.
Sa grand'mère : par Garibaldi, 1/2 s. N.
La Roche-sur-Yon : depuis 1897.

PRINCE-ROYAL, 1/2 s. N. — H. N.
B. 1893. — Orne.
Par *Cherbourg*, 1/2 s. N., et *Formosa*, 1/2 s. N., par *Niger*,
1/2 s. N.
Sa grand'mère : par Gaulois, 1/2 s. N.
Sa bisaïeule : par Brocardo, P. S. A.
La Roche-sur-Yon : depuis 1897.

QUADRIFIDE, 1/2 s. N. — H. N.
B. 1872. — Normandie.
Par *Agenda*, 1/2 s. N., et une 1/2 s. N., par Royal-Quand-Même,
P. S. A.
Saintes : 1876. — Abattu le 13 février 1894.

QUENNEVILLE, 1/2 s. N. — H. N.
B. 1872. — Manche.
Par *Jaïr*, 1/2 s. N., et *Cocotte* (trait).
La Roche-sur-Yon : 1876. — Castré le 11 septembre 1893.

QUESNAY, 1/2 s. N. — H. N.
Bb. 1872. — Normandie.
Par *Vice-Roi* ou *Uzel*, 1/2 s. N., et *Brebis*, 1/2 s. N.
Saintes : 1876. — Abattu le 27 juillet 1894.

QUEYMADÉRO, 1/2 s. N. — H. N.
Al. 1872. — Manche.
Par *Lord*, 1/2 s. N., et une fille d'Egésippe, 1/2 s. N.
La Roche-sur-Yon : 1876. — Abattu le 26 juillet 1894.

QUIBBLER, 1/2 s. N. — H. N.
B. 1872. — Normandie.
Par *Pater*, 1/2 s. N., et une fille de Divus, 1/2 s. N.
Saintes : 1876. — Abattu le 28 juillet 1897.

QUID, 1/2 s. N. — H. N.
Bb. 1872. — Normandie.
Par *Introuvable*, 1/2 s. N., et une 1/2 s. N.
Saintes : 1876. — Abattu le 27 juillet 1894.

QUINSON, 1/2 s. N. — H. N.
B. 1872. — Normandie.
Par *Ducantal*, 1/2 s. N., et une fille d'Ugolin, 1/2 s. N.
Saintes : 1876. — Castré le 16 septembre 1892.

QUITTER, 1/2 s. N. — H. N.
Al. 1872. — Normandie.
Par *Jactator*, 1/2 s. N., et une 1/2 s. N., par Coleraine, 1/2 s. A.
Saintes : 1876. — Castré le 9 août 1890.

RAPIN. 1/2 s. N. — H. N.
Al. 1873. — Normandie.
Par *Idoménée*, 1/2 s. N., et une 1/2 s. N., par Lahore, 1/2 s. A.
Saintes : 1877. — Castré le 16 novembre 1892.

RÉBUS, 1/2 s. N. — H. N.
B. 1873. — Normandie.
Par *Impérial*, 1/2 s. N., et une 1/2 s. N., par Ferragus, 1/2 s. N.
Saintes : 1877. — Abattu le 14 novembre 1895.

RICHARDSON, 1/2 s. N. — H. N.
B. 1873. — Manche.
Par *Josaphat*, 1/2 s. N., et une fille de Lionceau, 1/2 s. N.
La Roche-sur-Yon : 1877. — Abattu le 18 août 1893.

RUMEX, ex-**RICHEMOND**. 1/2 s. N. — H. N.
B. 1873. — Manche.
Par *Egésippe*, 1/2 s. N., et une fille de Riga, 1/2 s. N.
La Roche-sur-Yon : 1877. — Castré le 12 septembre 1892..

SANCY, 1/2 s. N. — H. N.
B. 1874. — Orne.
Par *Sincerity*, P. S. A. et *Charlotte*, par Héliotrope, 1/2 s. N.
Saintes : 1878. — Castré le 16 septembre 1892.

SÉDUISANT, 1/2 s. (approuvé). — M. L. Bordier.
B. 1889.
Par *Séduisant*, 1/2 s.
La Roche-sur-Yon : 1893. — 1896.

SEM, ex-**SOUVENIR**, 1/2 s. N. — H. N.
B. 1874. — Manche.
Par *Newton*, 1/2 s. N., et une fille de Jongleur, 1/2 s. N.
La Roche-sur-Yon : 1878. — Abattu en 1893.

SHY-ROBIN, 1/2 s. Norf. — H. N.
- B. 1874. — Angleterre.
Par *Israëli*, 1/2 s. A. et une fille de Sir-Charles, 1/2 s. A.
Saintes : 1880. — Castré le 16 septembre 1892.

SILLON, 1/2 s. N. — H. N.
B. 1874. — Manche.
Par *Marco-Spada*, 1/2 s. N., et une fille de Dimanche, 1/2 s. N.
La Roche-sur-Yon : 1878. — Abattu le 12 septembre 1892.

SOUTIEN, ex-**SULTAN**, 1/2 s. N. — H. N.
B. 1874. — Manche.
Par *Ugolin*, 1/2 s. N., et une 1/2 s. N., par Qui-perd-Gagne,
P. S. A.
La Roche-sur-Yon : 1878. — Castré le 12 septembre 1892.

SULEYMAN, 1/2 s. N. — H. N.
Al. 1874. — Calvados.
Par *Newton*, 1/2 s. N., et une fille de Divus, 1/2 s. N.
Saintes : depuis 1878.

SUPÉRIEUR, 1/2 s. N. — H. N.
Al. 1874. — Calvados.
Par *Liberator*, 1/2 s. A., et une fille de Jactator, 1/2 s. N.
La Roche-sur-Yon : 1878. — Castré le 12 septembre 1892.

TERME, 1/2 s. N. — H. N.
Al. 1875. — Manche.
Par *Gouverneur*, 1/2 s. N., ou *Ignoré*, 1/2 s. N.,
et une fille d'Egésippe, 1/2 s. N.
La Roche-sur-Yon : depuis 1879.

UBIQUISTE, 1/2 s. N. — H. N.
N. 1876 : Manche.
Par *Boyard*, 1/2 s. R., et une 1/2 s. N., par Baron-Knight, 1 2 s. A.
La Roche-sur-Yon : 1880. — Mort le 5 août 1893.

UDOR, 1/2 s. N. — H. N.
Al. 1876. — Manche.
Par *Volant*, 1/2 s. N., et une fille de Forey, 1/2 s. N.
La Roche-snr-Yon : 1880. — Castré le 24 août 1896.

UKORÉ, 1/2 s. N. — H. N.
N. 1876. — Calvados.
Par *Sir-Edwin-Landseer*, 1/2 s. A., et une fille de Navigateur,
1/2 s. N.
La Roche-sur-Yon : 1880. — Castré le 13 août 1894.

UNAU, 1/2 s. N. — H. N.
B. 1876. — Calvados.
Par *Unau*, 1/2 s. N., et *Bel-Espoir*, 1/2 s. N., par Vice-Roi,
1/2 s. N.
Saintes : 1880. — Castré le 16 septembre 1892.

UNKEL, 1/2 s. N. — H. N.
Al. 1876. — Orne.
Par *Elu*, 1/2 s. N., et une fille d'Utrecht, 1/2 s. N.
La Roche-sur-Yon : 1880. — Castré le 26 août 1895.

UPLOCK, ex-**URBAIN**, 1/2 s. N. — H. N.
B. 1876. — Manche.
Par *Kabin*, 1/2 s. N., et *La Brune*, 1/2 s. N., par Robinson,
1/2 s. N.
Saintes : depuis 1880.

URANIUM, 1/2 s. N. — H. N.
Al. 1876. — Orne.
Par *Oriental*, 1/2 s. N., et une fille de Thorigny, 1/2 s. N.
La Roche-sur-Yon : 1880. — Mort en 1892.

URGOS, 1/2 s. N. — H. N.
B. 1876. — Orne.
Par *Koping*, 1/2 s. N., et une fille de Valdemar, 1/2 s. N.
La Roche-sur-Yon : 1880. — Castré le 26 août 1895.

USKANTY, ex-**UTILE**, 1/2 s. N. — H. N.
B. 1876. — Manche.
Par *Kabin*, 1/2 s. N., et *Espérance*, 1/2 s. N., par Vandermulin,
P. S. A.
Saintes : 1880. — Castré le 5 septembre 1893.

USKY, ex-**ULM**, 1/2 s. N. — H. N.
Ro. 1876. — Manche.
Par *Java*, 1/2 s. N., et une 1/2 s. N., par Isolier, P. S. A.
La Roche-sur-Yon : 1880. — Castré le 13 août 1894.

USKY, 1/2 s. (accepté). — M. Joulain-Proust.
Gr. 1882.
Par *Usky*, 1/2 s. N.
La Roche-sur-Yon : depuis 1895.

USTOR, ex-**UKRAINE**, 1/2 s. N. — H. N.
B. 1876. — Manche.
Par *Newton*, 1/2 s. N., et *Miss-Linne*, par The Heir-of-Linne,
P. S. A.
Saintes : 1880. — Castré le 8 novembre 1897.

UZEL II, 1/2 s. N. — H. N.
B. 1876. — Manche.
Par *Uzel*, 1/2 s. N., et *Rapide*. par Gouverneur, 1/2 s. N.
Saintes : 1880. — Castré le 5 septembre 1893.

VÉGÉTAL, 1/2 s. N. — H. N.
Al. 1877. — Manche.
Par *Nadar*, 1/2 s. N., et *Lisette*, 1/2 s. N., par Lothaire, 1/2 s. N.
Saintes : 1881. — Castré le 17 août 1897.

VÉHÉMENT, 1/2 s. N. — H. N.
Bb. 1877. — Manche.
Par *Royal*, P. S. A., et une fille de Victorieux, 1/2 s. N.
La Roche-sur-Yon : depuis 1881.

VOLCAN, 1/2 s. N — H. N.
Al. 1877. — Calvados.
Par *Pactole*, 1/2 s. N., et *Grenade*, 1/2 s. N., par Conquérant,
1/2 s. N.
Saintes : 1881. — Castré le 8 novembre 1895.

SECTION VENDÉENNE ET CHARENTAISE

APPENDICE

———

ETALONS DE PUR SANG

Ayant fait la monte dans les Circonscriptions de la

Roche-sur-Yon et de Saintes.

ÉTALONS DE PUR SANG

Ayant fait la monte dans les Circonscriptions de la Roche-sur-Yon

et de Saintes.

AQUILIN, P. S. A. S.B.F., t. VI, p. 69
M. Malapert, 1885. — M. de Beauchamp, 1889.
Bb. 1878. — France.
Par *Uhlan* et *Attraction*, par Argonaut.
Saintes : 1885-1894.

AVENTURIER, P. S. A. S.B.F., t. X, p. 249
H. N.
B. 1886. — France.
Par *Flavio* et *Mademoiselle-Agnès*, par Le Petit-Caporal.
La Roche-sur-Yon : depuis 1892.

BARIOLET, P. S. A. S.B.F., t. VI, p. 85
H. N.
Al. 1878. — France.
Par *Trocadéro* et *Bariolette*, par Orphelin.
Saintes : 1888. — Passé au Pin le 21 novembre 1893.

BEAUREPAIRE, P. S. A. S.B.F., t. IV, p. 69
H. N.
B. 1874. — France.
Par *Mortemer* et *Beauty*, par Knowsley.
La Roche-sur-Yon : 1887. — Abattu le 10 août 1895.

BECKLAND, P. S. A.   S.B.F., t. V, p. 70
H. N.
Al. 1876. — France.
Par *Royal-Quand-Même* et *Bellah*, par Dollar.
La Roche-sur-Yon : 1881. — Castré le 12 septembre 1892.

BÉRENGER, P. S. A.   S.B.F., t. IX, p. 86
H. N.
Al. 1888. — Seine-et-Oise.
Par *The Bard* et *Boutade*, par Trocédaro.
Saintes : depuis 1894.

CLÉODORE, P. S. A.   S.B.F., t. IX, p. 109
B. 1886. — France.
Par *Stracchino* et *Clotho*, par Bois-Roussel.
La Roche-sur-Yon : depuis 1895.

COMMANDANT   S.B.F., t. V, p. 316
ex-**VOLONTAIRE**, P. S. A. — H. N.
B. 1876. — France.
Par *Le Petit-Caporal* et *Marcella*, par Sting.
Saintes : 1886-1887.
La Roche-sur-Yon : 1888. — Mort le 19 novembre 1896.
A été porté par erreur *Communiant* au S. B. V., p. 171.

CROISSANT, P. S. A.-A   S.B.F., t. VII, p. 476
H. N.
Al. 1883. — France.
Par *Maubourguet* et *Circé*, A.-A., par Othello, Ar.
Saintes : depuis 1887.

DIAVOLO, P. S. A.   S.B.F., t. XI, p. 167
M. le Cte de Juigné.
B. 1890. — France.
Par *Queen's-Herald* et *Dayspring*, prr Springfield.
La Roche-sur-Yon : 1894.

DOMIDIO, P. S. A.   S.B.F., t. VIII, p. 254
H. N.
B. 1884. — France.
Par *Milan II* et *Domiduca*, par The Mines.
Saintes : depuis 1889.

DON FULANO, P. S. A.   S.B.F., t. VIII, p. 9
H. N.
Al. 1878. — Amérique. — Importé en 1885.
Par *King-Alfonso* et *Canary-Bird*, par Albion.
Saintes : depuis 1889.

EUCALYPTUS, P. S. A.-A.   S.B.F., t. X, p. 144
H. N.
B. 1890. — Basses-Pyrénées
Par *Courtois*, P. S. A., et *Ephraïme*, P. S. A.-A., par Ephraïm,
P. S. Ar.
Saintes : depuis 1894.

EXCEPTÉ, P. S. A.   S.B.F., t. X, p. 149
H. N.
B. 1890. — Cher.
Par *Pourquoi* et *Expectation*, par Speculum.
Saintes : depuis 1896.

FLEURISTO   S.B.F., t. VIII, p. 519
ex-**FLEURISTE**, P. S. A. — H. N.
Bb. 1885. — France.
Par *Florentin* et *La Violette*, par Le Petit-Caporal.
La Roche-sur-Yon : depuis 1891.

FONTARABIE,   S.B.F., t. IX, p. 160
ex-**FULVIO**, P. S. A.-A. — H. N.
B. 1886. — Basses-Pyrénées.
Par *Gingembre*, P. S. A.-A., et *Fleur-d'Avril*, P. S. A.-A.,
par Dahabi, Ar.
Saintes : depuis 1895.

FROUFROU,   S.B.F., t. IX, p.15
ex-**ATHOS**, P. S. A. — H. N.
Al. 1883. — France.
Par *Nassim*, Ar., et *Atalante*, A.-A., par Saïd-Pacha ou Othello, Ar.
La Roche-sur-Yon : depuis 1887, — Castré le 12 novembre 1894.

GÉDÉON, P. S. A.-A.   S.B.F., t. VI, p. 612
Al. 1879. — France.
Par *Harami*, Ar., et *Stockwell mare*, par Stockwell.
La Roche-sur-Yon : depuis 1887.

GOGUENARD II, P. S. A. S.B.F., t.IX, p.177
M. de Beauchamp.
B. 1888. — France.
Par *Manoël* et *Gem-Royal*, ex-*Lady-Frances II*,
par Knight-of-the-Garter.
Saintes : depuis 1893.

GONDOLIER, P. S. A. S.B.F., t.XI, p.229
H. N.
Al. 1892. — Eure.
Par *Fricandeau* et *Girandole*, par Albert-Edward.
La Roche-sur-Yon : depuis 1897.

HONNEUR, P. S. A. S.B.F., t.XI, p.241
H. N.
Bb. 1892. — Gironde.
Par *Bocage* et *Hardiesse*, par Paladin.
La Roche-sur-Yon : depuis 1897.

IL-Y-EST, P. S. A. S.B.F., t.X, p. 300
H. N.
B. 1891. — Orne.
Par *Stuart* et *Infidèle*, par See-Saw.
Saintes : depuis 1896.

S.B.Ital., t.III, p.95
IPPOGRIFO, P.S.A. S.B.F., t.XII, à paraître
M. Robert.
Al. 1887. — Italie. — Importé en 1895.
Par *Glengarry* et *Marfisa*, par Andred.
La Roche-sur-Yon : depuis 1896.

IROQUOIS, ex-**DUNDAS**, S.B.F., t.IV, p.27
P. S. A. — H. N.
B. 1871. — France.
Par *Light* et *Admiralty*, par Collingwood,
Saintes : 1876. — Abattu le 1er août 1895.

ISARD, P. S. A.-A. S.B.F., t.VII, p.179
H. N.
Al. 1881. — Pompadour.
Par *Daoud*, Ar., et *Clorinda*, par Angélus.
La Roche-sur-Yon : depuis 1885.

JAGUAR, P. S. A.-A. S.B.F., t.VII, p.303
H. N.
Al. 1882. — France.
Par *Vulcan* et *Ariane*, Ar., par Merkham, Ar.
La Roche-sur-Yon : depuis 1886.

JÉOVAH, P. S. A.-A.   S.B.F., t.VII, p.262
H. N.
Al. 1882. — France.
Par *Amrami*, Ar., et *Durham*, par Lifeboat.
Saintes : 1885. — Mort le 19 juin 1893.

JUILLAC, P. S. A.-A.   S.B.F., t.VII, p.624
H. N.
Al. 1882. — France.
par *Harami*, Ar., et *Poëtry*, par Stockwell.
La Roche-sur-Yon : 1886. — A Tarbes le 10 décembre 1894.

JUPIN, P. S. A.   S.B.F., t.VII, p.380
H. N.
B. 1883. — Allier.
Par *Silvio* et *Juliana*, par Julius.
Saintes : depuis 1895.

KOURLI, P. S. A.-A.   S.B.F., t.VII, p.826
H. N.
Gr. 1883. — France.
Par *Vulcan* et *Eve*, Ar., par Zouave, Ar.
Saintes : depuis 1887.

LANCELOT III, P. S. A.   S.B.F., t.XI, p.181
H. N.
Al. 1892. — Hautes-Pyrénées.
Par *Vernet* et *Elida*, par Valérien.
Saintes : depuis 1897.

LAVOIR, P. S.   S.B.F., t.X, p.233
H. N.
B. 1889. — Seine-et-Oise.
Par *King-Lud* et *Lavandière*, par Dollar.
La Roche-sur-Yon : depuis 1896.

LAZZARONE, P. S. A.-A.   S.B.F., t.V, pp.11, 245
H. N.
B. 1874. — France.
Par *Ceylon*, P. S. A., et *Lorette*, A.-A , par Dankali, Ar.
Saintes : 1878. — Abattu le 28 juillet 1897.

LE BAL,   S.B.F., t.V, p.255
ᵉˣ-**MONSIEUR-MÉNÉLAS**, P. S. A.
M. Deniau.
B. 1876. — France.
Par *Gabier* et *La Belle-Hélène*, par Fitz-Gladiatar.
La Roche-sur-Yon : 1885. — Castré en 1893.

LE KÉPI, P. S. A.   S.B.F., t. IV, p.36
H. N.
Al. 1872. — France.
Par *Zouave* et *Péniche*, par Callingwood.
La Roche-sur-Yon : 1878. — Abattu le 18 août 1893.

LE LION, P. S. A.   S.B.F., t. VI, p.84
B. 1877. — France.
Par *Androclès* et *Barbillonne*, par Y. Gladiator.
La Roche-sur-Yon : depuis 1882.

LE RIEUTORT, P. S. A.   S.B.F., t. IX, p. 235
H. N.
Al. 1885. -- France.
Par *Bay-Archer* et *La Rosière*, par Consul.
La Roche sur-Yon: depuis 1891.

LIBAN, P. S. Ar.   S.B.F., t. IX, p.422
Cᵗᵉ Duchatel.
B. 1884. — France.
Par *Abdeni-Samari* et *Adenia-Kibira*.
Saintes : 1888. — Réformé après la monte de 1890.

LIBÉRÉ, P. S. A.   S.B.F., t.IX, p.239
H. N.
Al. 1886. — Seine et Oise.
Par *Zut* et *Lavandière*, par Consul.
Saintes : depuis 1893.

LOCHINVAR, P. S. A.   S.B.F., t.VII, p.453
Bᵒⁿ de Saigne. — M. Rœderer, 1897.
Bb. 1883. — France.
Par *Dollar* et *Lorette*, par Y. Monarque.
Saintes : depuis 1893.

LORD-ŒUVRE, P. S. A.   S.B.F., t.IX, p.22
H. N.
Al. 1888. — Orne.
Par *Zut* et *Lady-Henriette*, par West-Australian.
La Roche-sur-Yon : depuis 1894.

MILAN Ier, P. S. A.   S.B.F., t.V, p.300
H. N.
B. 1887. — France.
Par *Le Sarrazin* et *Mademoiselle-de-Champigny*.
par Faugh-a-Ballah.
Saintes : 1888. — Abattu le 5 août 1896.

MONTGOMME, P. S. A.   S.B.F., t.VI. p.471
H. N.
Al. 1878. — France.
Par *Mortemer* et *Morna*, par Beadsman.
La Roche-sur-Yon : depuis 1882.

MOULE-A-GOMME, P.S.A.   S.B.F., t. IX, p.230
H. N.
Al. 1888. — Gironde.
Par *Saint-Louis* et *La Mode*, par Vermouth.
Saintes : depuis 1894.

ORCHID, P. S. A.   S.B.A., t.XV, p.233
Al. 1882. — Angleterre.
Par *Hampton* et *Lady-Lavender*, par Master-Fenton.
Saintes : depuis 1897.

ORESTE, P. S. A.-A.   S.B.F., t.IX, p.343
Al. 1887. — Corrèze.
Par *Job*, Ar. et *Renée*, par Carnival.
Saintes : 1891. — Passé au Pin le 19 octobre 1893.

ORIGNAC, P. S. A.-A.   S.B.F., t.IX, p.144
H. N.
Al. 1887. — France.
Par *Bariolet* et *Estencia*, par Harami, ar.
La Roche-sur-Yon : depuis 1891.

PACIFIC, P. S. A.   S.B.F., t.V, p.254
H. N.
B. 1877. — France.
Par *Atlantic* et *King-Tom mare*, par King-Tom.
Saintes : 1882. — Abattu le 28 juillet 1897.

PAIMPOL, P. S. A.   S.B.F., t.IX, p. 315
H. N.
B. 1887. — Maine-et-Loire.
Par *Brest* et *Paralytique*, par Stentor.
Saintes : depuis 1892.

PANACHE, P. S. A.
H. N.
Al. 1877. — Corrèze.
Par *Marengo* et *Snalla*, par Zouave.
Saintes : 1881. — Abattu le 18 août 1893.

PELLEGRINO, P. S. A.   S.B.F., t.IX, p.30
M. Malapert, 1887-1890. — M. Hastron, 1890.
Bb. 1874. — Angleterre.
Par *The Palmer* et *Lady-Audley*, par Macaroni.
Saintes : 1887-1896. — Vendu et parti pour l'Angleterre.

PERDICAN, P. S. A.   S.B.F., t. X, p.309
B. 309. — Seine-et-Marne.
Par *Little-Duck* et *Peroration II*, par Pero-Gomez.
La Roche-sur Yon : 1896. — Mort le 11 novembre 1897.

PHLEGETHON, P. S. A.   S.B.F., t.IX, p.204
H. N.
B. 1886. — France.
Par *Fontainebleau* et *Isménie*, par Plutus.
La Roche-sur-Yon : depuis 1892.

QUEEN'S-HERALD,   S.B.F., t.X, pp. 38, 48
P. S. A.
M. Hastron.
Al. 1874. — Angleterre.
Par *Trumpeter* et *Queen-Bertha*, par Kingston.
Saintes : 1889-1894. — Mort en cours de monte.

RAYMOND, P. S. A.   S.B.F., t.VII, p.147
·H. N.
Al. 1881. — France.
Par *Ruy-Blas* et *Cantine*, par Vermouth.
Saintes : 1886. — Castré le 17 août 1897.

RÉUSSI, P. S. A.   S.B.F., t.VI, p.560
Al. 1879. — Oise.
Par *Flageolet* et *Regalia*, par Stockwell.
La Roche-sur-Yon : depuis 1895.

ROLAND, P. S. A.   S.B.F., t.VII, p.201
Cte Duchatel.
Bb. 1882. — France.
Par *Saint-Cyr* et *Fleur-d'Oranger*, par Longchamps.
Saintes : 1888-1893. — Vendu.

ROUSSILLON, P. S. A.   S.B.F., t.IV, p.151
H. N.
Al. 1873. — Eure.
Par *Pompier* et *Emérite*, Ar., par Emir, Ar.
La Roche sur-Yon : 1878. — Abattu le 26 juillet 1894.

SAHEL, P. S. A.   S.B.F., t.X, p.353
H. N.
Al. 1889. — Orne.
Par *Le Destrier* et *Stockholm*, par Cadet.
Saintes : depuis 1895.

SANSONNET, P. S. A.   S.B.F., t.VII, p.587
M. E. Lafond.
B. 1881. — France.
Par *Dollar* et *Ortolan*, par Saunterer.
Saintes : depuis 1896.

SAPAJOU, P. S. A.   S.B.F., t.VIII, p.834
H. N.
B. 1885. — France.
Par *Milan* et *Stephanotis*, par Macaroni.
La Roche-sur-Yon : 1890. — Affecté au manège de l'École du Pin,
le 25 août 1896.

SAUVETERRE, P. S. A.   S.B.F., t. XI, p.446
H. N.
Al. 1891. — Hautes-Pyrénées.
Par *Grandmaster* et *Syrène*, par Trombone,
La Roche-sur-Yon : depuis 1896.

SÉLEUCIDE, P. S. A.-A.   S.B.F., t.VI, p.278
M. de Réals de Marnac.
Al. 1879. — France.
Par *Dahabi*, Ar., et *Gérasa*, ex-*Damasquine*, A.-Ar.,
par Djerasch, Ar.
Saintes : 1891 - 1893.

SOUCI, P. S. A.   S.B.F., t.VII, pp.686,1060
M. Thonnard du Temple.
B. 1883. — France.
Par *Dollar* et *Saltarelle*, par Vertugadin.
. Saintes : depuis 1887.

SPARTACUS II, P. S. A.   S.B.F., t.XI, p.434
H. N.
B. 1891. — Yonne.
Par *Fricandeau* et *Sophiette*, par Brown-Bread.
La Roche-sur-Yon : depuis 1897.

SULTAN II, P. S. A.   S.B.F., t.VII. p.225
H. N.
B. 1886. — Orne.
Par *Le Destrier* et *Countess-of-Salusbury*,
par Knight-of-the-Garter.
La Roche sur-Yon : depuis 1893.

SUNRISE, P. S. A.   S.B.F., t.XI, p.50
M. Loury.
B. 1888. — France.
Par *Albion* et *Ambassadrice*, par Zouave.
La Roche-sur-Yon : 1892. — Passé dans la circonscription
de Pau en 1897.

TANT-MIEUX, P. S. A.   S.B.F., t.VI, p.85
H. N.
Al. 1879. — France.
Par *Trocadéro* ou *Saxifrage* et *Bariolette*, par Orphelin.
Saintes : depuis 1886.

THE MINSTREL-BOY, P.S.A.   S.B. F., t. X, p.43
H. N.
Bb. 1883. — Angleterre.
Par *Mozart* et *Mead*, par Anglo-Saxon.
Saintes : 1891. — Au dépôt du Pin le 22 septembre 1892.

TIRE-LARIGOT, P. S. A.   S.B.F., t. IX, p.499
H. N.
B. 1886. — Maine-et-Loire.
Par *Plutus* et *N.*, par Dollar et Tirelire.
Saintes : depuis 1892.

YELLOW, P. S. A.   S.B.F., t. IX, p. 284
M. le Cte de Juigné.
Al. 1887. — France.
Par *Dutch-Skater* et *Miss-Hannah*, par King-Tom ou Favonius.
La Roche-sur-Yon : depuis 1892.

ZAMBO, P. S. A.   S.B.F., t. VI.
H. N.
B. 1888. — Calvados.
Par *King-Lud* et *Optimia*, par Plutus.
La Roche-sur-Yon : depuis 1893.

ERRATA ET ADDENDA

ERRATA ET ADDENDA

Page 31. — **JUVÉNIL**. — H. N.
Al. 1887.
Ajoutez : Né dans la Loire-Inférieure.

Page 72. — **NIQUE**, par *Felzins*.
Ajoutez : La Roche-sur-Yon : depuis 1895.

Les étalons suivants :

IGITUR,	pages 58.		
INESPÉRÉ,	— 59.		
INVENTEUR,	— 59.	doivent figurer	
IPSÉ,	— 59.	page 29.	
ISARD,	— 60.		
ISIDORE,	— 60.		
ISIEU,	— 60.		

OCÉAN,	pages 73	doit figurer	pages 38.
NANCY,	— 36	—	— 71.
NÉGRIER,	— 37	—	— 71.
NICOLET,	— 38	—	— 72.
NORDBERG,	— 38	—	— 73.
OHIO,	— 39	—	— 74.

TABLE ALPHABETIQUE

TABLE ALPHABÉTIQUE

D

E

F

G

M

N

U

V

Y

Z

Paris. — Société de l'Imprimerie KUGELMANN, 12, rue de la Grange-Batelière.

STUD-BOOK FRANÇAIS

REGISTRE

DES

CHEVAUX DE DEMI-SANG

NÉS ET IMPORTÉS EN FRANCE

Publié par ordre de M. le Ministre de l'Agriculture

SECTION VENDÉENNE ET CHARENTAISE

TOME II — 1891-1897

Prix : 3 Francs

PARIS

EN VENTE CHEZ J. KUGELMANN

12, rue de la Grange-Batelière, 12

1898

www.ingramcontent.com/pod-product-compliance
Ingram Content Group UK Ltd.
Pitfield, Milton Keynes, MK11 3LW, UK
UKHW020004100726
13658UKWH00002B/803